제2판

# 공과대학 예비과정 수학

유주식 지음

MATHEMATICS

KM 경문사

공과대학 예비과정 수학

# Preface 머리말

오늘날에는 인문계 고등학교 학생들의 대부분이 대학에 진학하고 있고, 공업계 고등학교 졸업생들도 공과대학에 많이 진학하고 있다. 그러나 수학에 대한 기초가 부족하여 전공과목 공부에 어려움을 겪고 있는 학생들이 점점 많아지고 있다. 따라서 전공과정에 들어가기 전에 수학을 먼저 공부할 필요가 있다.

이 책에서는 수학을 공부할 기회가 적었던 학생들을 위하여 가장 기초적인 수식에 대한 개념을 익히고, 전공 공부에 필요한 수학적 기초를 다지게 하였다. 또한 공학적/물리적 개념이 연계되는 예제를 수록하여 전공과정에서 필요한 수학적 응용력을 배양하게 하였다.

이 책은 예비 대학생들에 대한 짧은 기간 동안의 특별 강의 교재로 사용하거나 학기 중에 기초가 부족한 학생들을 위한 보충 교재로 사용하기에 적합하게 내용을 구성하였다. 수학에서 가장 기본적인 일차방정식으로부터 시작하여 연립방정식, 인수분해, 이차방정식, 부등식, 일차함수와 이차함수, 지수함수, 로그함수, 삼각함수, 쌍곡선함수, 벡터 등을 공부한다.

갈수록 학생들의 개인별 수학 실력 차이가 커지고 있으므로 이 책을 교재로 사용할 경우에는, 먼저 첫 시간에는 책의 뒷부분에 있는 진단 평가를 실시하고, 결과를 참고하여 학생들의 수준에 맞추어 수업을 진행하면 좋을 것으로 생각된다.

끝으로 책의 출판에 도움을 주신 도서출판 경문사 관계자분들께 감사드린다.

2024년 3월
유 주 식

# Contents 목차

## 제 4 장 이차방정식



## 제 5 장 부등식



## 제 6 장 일차함수와 이차함수

## 제 7 장 지수함수와 로그함수



## 제 8 장 삼각함수



## 제 9 장 쌍곡선함수

## 제10장 벡터



## 연습문제 풀이 및 정답

## 부록

# 제1장 일차방정식

1.1 일차방정식의 풀이

1.2 일차방정식의 활용

# 1.1 일차방정식의 풀이

## 1 등식

(1) 등식: 등호(=)를 사용하여 두 수나 식이 같음을 나타내는 식

(2) 좌변: 등식에서 등호의 왼쪽 부분

(3) 우변: 등식에서 등호의 오른쪽 부분

(4) 양변: 등식에서 좌변과 우변을 통틀어 양변이라고 한다.

## 2 등식의 성질

$A=B$일 때

(1) 등식의 양변에 같은 수를 더하거나 빼도 등식은 성립한다.

$$A+C=B+C$$
$$A-C=B-C$$

(2) 등식의 양변에 같은 수를 곱하여도 등식은 성립한다.

$$A\times C=B\times C$$

(3) 등식의 양변을 0이 아닌 같은 수로 나누어도 등식은 성립한다.

$$\frac{A}{C}=\frac{B}{C} \quad (C\neq 0)$$

**예** (1) $x-2=3$이면 $(x-2)+2=3+2$ $\quad\therefore\ x=5$

$x+4=5$이면 $(x+4)-4=5-4$ $\quad\therefore\ x=1$

(2) $\frac{1}{2}\times x=3$이면 $(\frac{1}{2}\times x)\times 2=3\times 2$ $\quad\therefore\ x=3\times 2=6$

(3) $2x=3$이면 $\frac{2x}{2}=\frac{3}{2}$ $\quad\therefore\ x=\frac{3}{2}$

## 3 방정식과 항등식

등식에서 (미지수가 $x$일 때),

(1) 방정식: 어떤 문자($x$)가 특정한 값을 가질 때만 성립하는 등식을 그 문자($x$)에 대한 방정

식이라 한다. 방정식은 문자의 값에 따라 참과 거짓이 달라진다.

(2) 항등식: 어떤 문자($x$)의 값에 관계없이 항상 성립하는 등식을 그 문자($x$)에 대한 항등식이라 한다.

† 방정식을 성립시키는 $x$의 값을 그 방정식의 '해' 또는 '근', 해 전체의 집합을 방정식의 '해집합'이라 하고, 방정식의 해집합을 구하는 것을 '방정식을 푼다'라고 한다.

예 (1) 방정식: $2x-4=6$, $4x=2x-5$, $3x-7=0$ 등
(2) 항등식: $x+2x=3x$, $2(x+3)=2x+6$ 등

## 4 이항

등식의 성질을 이용하여 등식의 한 변에 있는 항을 부호를 바꾸어 다른 변으로 옮기는 것을 이항이라 한다.

예 (1) $x-2=4$ → $x=4+2$: 좌변의 $-2$를 우변으로 이항한다.
(2) $2x+3=7$ → $2x=7-3$: 좌변의 3을 우변으로 이항한다.
(3) $3x+2=x+4$ → $3x-x=4-2$: 좌변의 2를 우변으로 이항하고, 우변의 $x$를 좌변으로 이항한다.

## 5 일차방정식

$ax+b=0$ ($a$, $b$는 상수, $a \neq 0$)와 같이 미지수가 하나이고, 미지수 $x$의 최고차항의 차수가 일차인 방정식을 $x$에 대한 일차방정식이라고 한다.

예 $$2x+a^2+3=4x+5 \qquad \cdots ①$$

식 ①은 $x$에 대한 일차방정식이지만 $a$에 대해서는 이차방정식이 되므로 여러 개의 문자가 포함된 방정식은 반드시 미지수를 명시해야 한다.

## 6 일차방정식의 풀이

미지수가 $x$일 때,

(1) $x$를 포함하는 항은 모두 좌변으로, 상수항은 우변으로 이항한 후 양변을 정리하여 $Ax=B$의 꼴로 만든다.

(2) $Ax=B$의 해

① $A \neq 0$이면 $x=\dfrac{B}{A}$

② $A=0$인 경우: $B=0$이면 해는 모든 수(부정)

$B \neq 0$이면 해가 없다(불능)

**예** 방정식 $2(4x-1)=3(2x+5)$의 풀이

$$
\begin{aligned}
&2(4x-1)=3(2x+5)\\
&8x-2=6x+15\\
&8x-6x=15+2\\
&2x=17\\
&\therefore\ x=\frac{17}{2}
\end{aligned}
$$

**예** $x$에 대한 방정식 $ax=3x+4$의 풀이:
$x$를 포함하는 항을 좌변으로 이항하여 정리한다.

$$
\begin{aligned}
&ax=3x+4\\
&(a-3)x=4
\end{aligned}
$$

(i) $a \neq 3$이면 $x=\dfrac{4}{a-3}$

(ii) $a=3$이면 해가 없다(불능)

**예** $x$에 대한 방정식 $a(2x-3)+x=3(x-1)$의 풀이:
$x$를 포함하는 항은 모두 좌변으로, 상수항은 우변으로 이항하여 정리한다.

$$
\begin{aligned}
&a(2x-3)+x=3(x-1)\\
&(2ax-3a)+x=3x-3\\
&2ax+x-3x=-3+3a\\
&2ax-2x=3a-3\\
&2(a-1)x=3(a-1)
\end{aligned}
$$

(i) $a \neq 1$이면 $x=\dfrac{3}{2}$

(ii) $a=1$이면 해가 모든 수(부정)

## 7 계수가 소수 또는 분수인 일차방정식의 풀이

(1) 계수가 소수인 경우: 양변에 10, 100, ⋯ 등을 곱하여 계수를 정수로 변환한다.

(2) 계수가 분수인 경우: 양변에 분모의 최소공배수를 곱하여 계수를 정수로 변환한다.

† 주어진 식을 그대로 계산해도 되지만 일반적으로 계수를 정수로 변환하여 계산하는 것이 편리하다.

**예제 1.1.1** 다음 방정식을 풀어라.

(1) $2x-5=-3x+4$

(2) $3(x-2)+7=-5(x+3)$

**풀이** (1) $2x-5=-3x+4$

$$2x+3x=4+5$$
$$5x=9$$
$$\therefore\ x=\frac{9}{5}$$

(2) 먼저 괄호를 푼 다음 이항하여 정리한다.

$$3(x-2)+7=-5(x+3)$$
$$(3x-6)+7=-5x-15$$
$$3x+5x=-15+6-7$$
$$8x=-16$$
$$\therefore\ x=-\frac{16}{8}=-2$$

**예제 1.1.2** 다음 방정식을 풀어라.

(1) $\frac{1}{2}x=\frac{1}{3}x+2$

(2) $0.3x+0.4=0.1x-1.6$

**풀이** (1) $\frac{1}{2}x=\frac{1}{3}x+2$: 양변에 분모 2와 3의 최소공배수 6을 곱하여 푼다.

$$6\times\left(\frac{1}{2}x\right)=6\times\left(\frac{1}{3}x+2\right)$$
$$3x=2x+12$$
$$\therefore\ x=12$$

(2) $0.3x+0.4=0.1x-1.6$: 양변에 10을 곱하여 푼다.

$$10\times(0.3x+0.4)=10\times(0.1x-1.6)$$
$$3x+4=x-16$$
$$2x=-20$$
$$\therefore\ x=-\frac{20}{2}=-10$$

**예제 1.1.3** $x$에 대한 다음 방정식을 풀어라. 단, $a$, $b$는 상수이다.

$$2(ax+3)=4x+b-1$$

**풀이** 괄호를 푼 다음 $x$를 포함하는 항은 모두 좌변으로, 상수항은 우변으로 이항하여 정리한다.

$$2(ax+3)=4x+b-1$$
$$2ax+6=4x+b-1$$
$$2ax-4x=b-1-6$$
$$(2a-4)x=b-7$$
$$2(a-2)x=b-7$$

(i) $a\neq 2$이면 $x=\dfrac{b-7}{2(a-2)}$

(ii) $a=2$일 때,

○ $b=7$이면 모든 수(부정)

○ $b\neq 7$이면 해가 없다(불능)

**예제 1.1.4** [항등식] $x$에 대한 방정식 $4(x-2)=ax+b$의 해가 모든 수라고 할 때 $a+b$의 값을 구하여라.

**풀이** 준 식을 전개하면

$$4x-8=ax+b$$

이다. 이 식이 항등식이 되기 위해서는 좌변과 우변이 같아야 하므로

$$4=a,\quad -8=b$$
$$\therefore\ a+b=4-8=-4$$

이다.

† $x$에 대한 방정식 $Ax=B$의 해가 모든 수가 될 조건은 $A=B=0$이므로, 방정식

$$ax+b=cx+d$$

가 항등식이 될 조건은

$$(a-c)x+(b-d)=0$$

$$a-c=0,\ b-d=0$$

$$\therefore\ a=c,\ b=d$$

이다.

**예제 1.1.5** **[변수치환]** 방정식 $1+\frac{3}{x}+\frac{5}{2x}-\frac{5}{3x}=\frac{5}{6}$을 만족하는 $x$의 값을 구하여라.

**풀이** $A=\frac{1}{x}$로 하면 주어진 식은

$$1+3A+\frac{5}{2}A-\frac{5}{3}A=\frac{5}{6} \qquad \cdots ①$$

이다. 식 ①의 양변에 6을 곱하고 정리하면

$$6+18A+15A-10A=5$$

$$23A=-1$$

$$\therefore\ A=-\frac{1}{23}$$

이 얻어진다. 따라서 $x=\frac{1}{A}=-23$이다.

# 연습문제 1.1

**01** 다음 일차방정식을 풀어라.

(1) $3x-5=-2x+10$

(2) $3(2x-4)=-2(-x+7)$

(3) $2(x-3)-4(x+1)=x-7$

(4) $2\{2x-3(-x+1)\}=x+4$

(5) $|x-2|=3x+4$ : 절댓값 $|A|=\begin{cases} A & (A \geq 0) \\ -A & (A<0) \end{cases}$이다.

**02** [분수] 다음 일차방정식을 풀어라.

(1) $\dfrac{x-3}{5}+\dfrac{x}{2}=2$

(2) $-\dfrac{2(x+1)}{3}+2x=\dfrac{x-1}{2}+\dfrac{(-x-4)}{6}+2$

**03** [소수] 다음 일차방정식을 풀어라.

(1) $1.2x-2=1.4x-0.6$

(2) $1.3(x+1)-0.2(x-5)=0.4(-2x+3)-0.7$

**04** [분수+소수] 다음 일차방정식을 풀어라.

(1) $\dfrac{3}{2}(x-4)-\dfrac{1}{3}(x-2)+0.5x=-x+2$

(2) $\dfrac{1}{5}(x+2)-0.7(-2x+1)=\dfrac{3}{2}(-x+1)+0.8x-0.2$

**05** [문자 계수] 다음 일차방정식을 풀어라. $a$, $b$는 임의 상수이다.

(1) $a(3x-2)-5x=-2(1+x)$

(2) $-2(ax-1)=2x-b$

**06** [항등식] 등식 $4x-a(x-1)=\dfrac{1}{3}b-2x$가 $x$에 대한 항등식일 때 두 상수의 합 $a+b$의 값을 구하여라.

**07** $A=-3x+4$일 때 다음 식을 만족하는 상수 $a$, $b$의 값을 구하여라.

$$4A-2(-3A+1)+5=ax+b$$

**08** [변수치환] $\dfrac{3}{a-b}-4=\dfrac{2}{a-b}$ $(a \neq b)$일 때 $b-a$의 값을 구하여라.

**09** $x+y-2=3(x+y-4)$일 때 $-x-y$의 값을 구하여라.

**10** 방정식 $\dfrac{1}{1-\dfrac{1}{1+\dfrac{1}{x}}}=4$를 만족하는 $x$값을 구하여라.

† $\dfrac{1}{\dfrac{b}{a}}=1\div\dfrac{b}{a}=\dfrac{a}{b}$

**11** 방정식 $\dfrac{1}{1-\dfrac{x}{x+1}}=\dfrac{3}{-1+\dfrac{x}{x-1}}$을 만족하는 $x$값을 구하여라.

**12** $x$에 대한 두 방정식 $\dfrac{x+1}{2}+\dfrac{x-1}{3}=1$, $4x+k=3x-7$의 해가 같을 때 상수 $k$의 값을 구하여라.

# 1.2 일차방정식의 활용

## 1 방정식을 이용한 문제 풀이 순서[1)]

(1) 구하고자 하는 양을 정하여 미지수($x$, $y$, $v$, $a$, $F$, $\cdots$)로 놓는다.
(2) 문제에서 주어진 조건에 맞게 방정식(미지수들의 관계식)을 세운다.
(3) 방정식을 풀어서 미지수를 구한다.
(4) 구한 해가 문제의 뜻에 맞는지 확인한다.

**예제 1.2.1** 가로의 길이가 2m이고 세로의 길이가 3m인 직육면체의 부피가 $24\text{m}^3$이면 높이는 얼마인가?

**풀이** 높이를 $x$[m]로 놓으면, 직육면체의 부피는 가로×세로×높이이므로

$$2 \times 3 \times x = 24$$
$$6x = 24$$
$$\therefore \ x = \frac{24}{6} = 4 \ [\text{m}]$$

**예제 1.2.2** 연속한 세 홀수의 합이 45일 때 세 수를 구하여라.

**풀이** 가운데 수를 $x$로 놓으면, 연속한 세 홀수는 $x-2$, $x$, $x+2$이므로

$$(x-2)+x+(x+2)=45$$
$$3x = 45$$
$$\therefore \ x = \frac{45}{3} = 15$$

따라서 구하는 세 홀수는 13, 15, 17이다.

**예제 1.2.3** 가로의 길이가 세로의 길이보다 3m 더 긴 직사각형의 둘레의 길이가 26m일 때 세로의 길이를 구하여라.

---

1) 기초적인 공학 문제는 일차 방정식으로 풀 수 있는 문제가 많다. 구하고자 하는 물리량을 미지수(변수)로 놓고 식을 풀어서 원하는 값을 구하는 방법에 익숙해지도록 한다.

**풀이** 세로의 길이를 $x$[m]로 놓으면, 가로의 길이는 $x+3$[m]이므로

$$2x + 2(x+3) = 26$$
$$4x = 20$$
$$\therefore\ x = \frac{20}{4} = 5[\mathrm{m}]$$

**예제 1.2.4** 등산을 하는데 올라갈 때는 시속 2km로 걷고, 내려올 때는 올라갈 때 보다 3km 더 먼 거리를 시속 4km로 걸어왔다. 총 소요 시간이 6시간이면 올라간 거리는 몇 km인가?

**풀이** 거리 $s$[km]를 시속 $v$[km]로 걸어갈 때 걸리는 시간은

$$t = \frac{s}{v}\ [\text{시간}]$$

이다. 따라서 올라간 거리를 $x$[km]로 놓으면, 내려온 거리는 $x+3$[km]이므로 총 소요 시간은

$$\frac{x}{2} + \frac{x+3}{4} = 6$$

이다. 이 식을 풀면

$$2x + (x+3) = 24$$
$$3x = 21$$
$$\therefore\ x = \frac{21}{3} = 7\ [\mathrm{km}]$$

즉, 올라간 거리는 7km이다.

† 거리 $s$, 속력 $v$, 시간 $t$의 관계는 다음과 같다.

$$s = vt,\quad v = \frac{s}{t},\quad t = \frac{s}{v}$$

**예제 1.2.5** 지상으로부터 $H = 21$m에서 자유 낙하한 물체가 있다. 역학적 에너지가 보존된다고 할 때 물체의 운동 에너지($E_k$)가 위치에너지($E_p$)의 2배가 되는 지점은 지상으로부터 몇 m인가?

**풀이** 물체의 질량을 $m$, 높이를 $h$, 중력 가속도를 $g$라고 하면 위치 에너지

$$E_p = mgh$$

이다. 따라서 역학적 에너지 보존법칙($E_k + E_p = C$)에 의해

$$E_k + mgh = mgH \qquad \cdots ①$$

(← 초기속도= 0이므로 초기상태의 운동에너지= 0이다.)

이고, 여기에서 운동 에너지는 위치 에너지의 2배이므로

$$E_k = 2mgh \qquad \cdots ②$$

이다. 따라서 ②를 ①에 대입하면 다음과 같이 높이가 구해진다.

$$2mgh + mgh = mgH$$
$$3mgh = mgH$$
$$\therefore \quad h = \frac{H}{3} = \frac{21}{3} = 7[\mathrm{m}] \qquad \cdots ③$$

**예제 1.2.6** 4% 소금물 150kg이 있다. 여기에 몇 kg의 소금을 더 넣으면 10%의 소금물이 되는가?

$$\text{소금물의 농도} = \frac{\text{소금의 양}}{(\text{소금} + \text{물})\text{의 양}} \times 100\,[\%]\text{이다.}$$

**풀이** 더 넣은 소금의 양을 $x\,[\mathrm{kg}]$이라 한다.

$$\text{소금의 양} = \frac{\text{소금물의 농도}}{100} \times (\text{소금} + \text{물})\text{의 양}$$

이므로 소금의 양이 같다는 조건을 적용하면

$$\frac{4}{100} \times 150 + x = \frac{10}{100} \times (150 + x)$$
$$600 + 100x = 1500 + 10x$$
$$90x = 900$$
$$\therefore \quad x = 10\,[\mathrm{kg}]$$

이다.

**예제 1.2.7** 스프링상수가 각각 $k_1, k_2$인 두 개의 스프링을 직렬연결하면 합성스프링상수 $k'$와의 사이에는 $\frac{1}{k'} = \frac{1}{k_1} + \frac{1}{k_2}$의 관계식이 성립한다. 스프링상수가 $2k$, $3k$인 스프링을 직렬연결 하였을 때 합성스프링상수를 구하여라.

**풀이** 합성스프링상수를 $x$라고 하면 다음과 같이 $x$가 구해진다.

$$\frac{1}{x} = \frac{1}{k_1} + \frac{1}{k_2} = \frac{1}{2k} + \frac{1}{3k} = \frac{3+2}{6k} = \frac{5}{6k}$$

$$\therefore \quad x = \frac{6k}{5}$$

**예제 1.2.8** 어떤 물체를 $v_0 = 40\,\mathrm{m/s}$의 속력으로 연직 위 방향으로 던졌을 때 물체가 (1) 최고점에 도달할 때까지 걸린 시간과 (2) 최고점의 높이를 각각 구하여라.

**풀이** 최고점에서 물체의 속도 $v = 0$라는 조건을 적용한다.

(1) 최고점에 도달할 때까지 걸린 시간($t$)

$$v = v_0 - gt = 0$$

$$\therefore \quad t = \frac{v_0}{g} = \frac{40}{9.8} = 4.1\ [\mathrm{s}]$$

(2) 최고점의 높이($h_{max}$)

$$v^2 - v_0^2 = -2g\,h_{max}$$

$$0 - v_0^2 = -2gh_{max}$$

$$\therefore \quad h_{max} = \frac{v_0^2}{2g} = \frac{40^2}{2 \times 9.8} = 81.6\ [\mathrm{m}]$$

**예제 1.2.9** 그림과 같이 지름 $D_1 = 240\mathrm{mm}$, $D_2 = 40\mathrm{mm}$의 두 피스톤으로 구성된 유압프레스가 있다. 지름 $D_2$의 작은 피스톤에 $W = 20\,\mathrm{N}$의 물체를 올려놓을 때 큰 피스톤에 전달되는 힘 $F$를 구하여라. 단, 실린더 내의 유체는 비압축성 유체이며, 실린더와 피스톤 사이의 마찰과 피스톤의 무게는 무시한다.

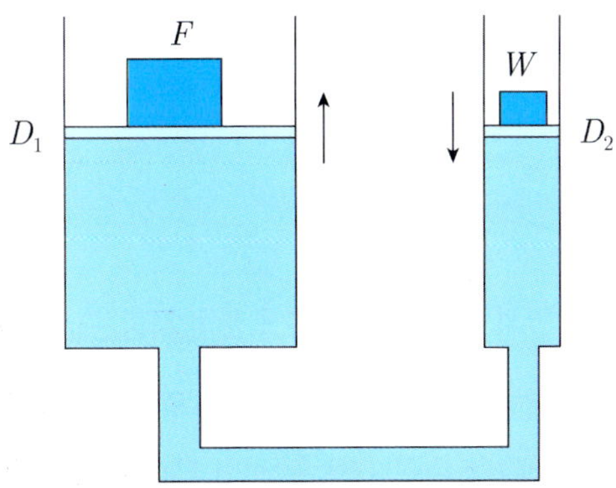


[그림 1.2.1] 파스칼의 원리

**풀이** 큰 피스톤과 작은 피스톤의 단면적을 각각 $A_1$, $A_2$라 하면

$$A_1 = \frac{\pi D_1^2}{4}, \quad A_2 = \frac{\pi D_2^2}{4}$$

이고, 실린더 내부의 압력을 $P$라 하면

$$P = \frac{F}{A_1} = \frac{W}{A_2}$$

이다. 따라서 큰 피스톤에 전달되는 힘은

$$\begin{aligned} F &= \frac{A_1}{A_2} W = \frac{\pi D_1^2/4}{\pi D_2^2/4} \times W = \left(\frac{D_1}{D_2}\right)^2 W \\ &= \left(\frac{240}{40}\right)^2 \times 20 \\ &= 720\,[\mathrm{N}] \end{aligned}$$

이다. 즉, 작은 피스톤에 가해준 20 N의 힘이 720 N으로 증폭되어 큰 피스톤으로 전달된다.

**예제 1.2.10** 외부와 단열된 상태에서 온도 $T_1 = 20\,℃$인 50 kg의 금속과 온도 $T_2 = 80\,℃$인 30 kg의 같은 종류의 금속을 접촉시켰을 때 열 평형상태의 온도를 구하여라.

**풀이** 낮은 온도 $T_1$의 금속이 받은 열량은 높은 온도 $T_2$의 금속이 잃은 열량과 같다. 평형 온도를 $T_f$, 금속의 비열을 $C$라고 하면 열평형방정식은

$$m_1 C(T_f - T_1) = m_2 C(T_2 - T_f)$$

이다. 여기에서 양변을 $C$로 나누고 $T_f$를 구한다.

$$m_1(T_f - T_1) = m_2(T_2 - T_f)$$
$$(m_1 + m_2)T_f = m_1 T_1 + m_2 T_2$$

$$\therefore \quad T_f = \frac{m_1 T_1 + m_2 T_2}{m_1 + m_2} = \frac{50 \times 20 + 30 \times 80}{50 + 30} = 42.5\,[℃]$$

**예제 1.2.11** 길이 $l$, 단면적 $A$, 비저항 $\rho$인 도선의 저항은 $R = \rho \dfrac{l}{A}$이다. 길이가 $L_1$이고 단면적이 $S_1$인 도선을 균일하게 잡아당겨서 길이가 3배로 늘어났다. 늘어난 도선의 저항은 처음의 몇 배가 되는가? 단, 도선의 부피는 일정하다.

**풀이** 늘어난 도선의 길이 $L_2 = 3L_1$이고, 도선의 부피가 일정하다는 관계식으로부터 이때의 단면적($S_2$)은

$$\bigcirc \text{ 도선의 부피} = S_1 L_1 = S_2 L_2$$

$$\therefore \ S_2 = \frac{S_1 L_1}{L_2} = \frac{S_1 L_1}{3L_1} = \frac{1}{3} S_1$$

이다. 따라서 늘어난 도선의 저항($R_2$)은 다음과 같다.

$$R_2 = \rho \frac{L_2}{S_2} = \rho \frac{3L_1}{(S_1/3)} = 9\left(\rho \frac{L_1}{S_1}\right)$$

여기에서 길이 $L_1$, 단면적 $S_1$인 처음 도선의 저항 $R_1 = \rho \dfrac{L_1}{S_1}$이므로 늘어난 도선의 저항($R_2$)은 처음의 9배($R_2 = 9R_1$)이다.

**예제 1.2.12** 양단이 고정된 초기온도 $T_0 = 20$℃의 강관에 $T$로 온도를 상승시켜 $\sigma = -60\text{MPa}$의 열응력이 발생하였을 때, 온도 $T$[℃]를 구하여라. 단, 강관의 탄성계수 $E = 200\text{GPa}$, 선팽창계수는 $1.2 \times 10^{-5}$/℃이고, 열응력($\sigma$)은 다음 관계식을 따른다.

$$\sigma = -E\alpha(T - T_0)$$

**풀이** 응력의 단위를 MPa로 통일하여 계산한다.

$$\sigma = -E\alpha(T - T_0)$$

$$\begin{aligned}\therefore \ T &= T_0 - \frac{\sigma}{E\alpha} \\ &= 20 - \frac{(-60 \times 10^6)}{(200 \times 10^9)(1.2 \times 10^{-5})} [℃] \\ &= 20 + 25 [℃] \\ &= 45 [℃]\end{aligned}$$

**Note** 실제 공학 문제에 적용되는 몇 가지 예제와 연습문제 등을 이 책에서 소개하고 있다. 그런데 대학에는 기계공학, 전자공학,...등 많은 전공이 있고 각 전공별로 공부하는 분야가 다르다. 따라서 이 문제들을 모두 풀어볼 필요는 없고 각 전공별 특성에 맞게 문제를 선택하여 풀어보면 된다.

## 연습문제 1.2

**01** 연속한 세 수의 합이 72일 때 세 수를 구하여라.

**02** 연속한 세 짝수의 합이 42일 때 세 수를 구하여라.

**03** 가로의 길이가 세로의 길이보다 7m 더 길고, 둘레의 길이가 30m인 직사각형의 변의 길이를 구하여라.

**04** 가로의 길이가 세로의 길이보다 4m 더 긴 직사각형의 둘레의 길이가 40m일 때, 이 직사각형의 넓이를 구하여라.

**05** 지점 A에서 B까지 거리를 시속 60km로 가면 시속 70km로 가는 것보다 5분 더 걸린다. 두 지점 사이의 거리를 구하여라.

**06** 7%의 소금물 100g에 몇 g의 물을 더 넣으면 5%의 소금물이 되는가? 소금물의 농도= $\frac{\text{소금의 양}}{\text{소금물의 양}} \times 100\,[\%]$로 정의된다.

**07** 8%의 소금물 400g이 있다. 여기에서 몇 g의 물을 증발시키면 10%의 소금물이 되는가?

**08** 시속 144km의 속도로 달리는 자동차에 브레이크를 걸었을 때 $-2\,\mathrm{m/s^2}$의 등가속도 운동을 하였다. 브레이크를 건 후 자동차가 정지할 때까지 걸린 시간[s]을 구하여라. 처음속도 $v_0$, 가속도 $a$의 등가속도 운동에서 $t$초 후의 물체의 속도 $v = v_0 + at$이다.

**09** 어떤 물건의 원가에 30%의 이익을 붙여 정가를 매겼다. 이 물건을 700원 할인해서 팔았을 때 원가의 10%의 이익이 발생한다면 20개 팔았을 때 총 이익금은 얼마인가?

# 제2장 연립방정식

2.1 연립방정식의 풀이

2.2 연립방정식의 활용

# 2.1 연립방정식의 풀이

## 1 연립일차방정식

(1) 두 개 이상의 미지수를 포함하는 방정식을 연립방정식이라 하고, 미지수가 두 개이고 차수가 일차인 방정식을 이원 연립일차방정식이라고 한다.

(2) 이원 연립일차방정식: $\begin{cases} ax + by = c & \cdots\cdots ① \\ a'x + b'y = c' & \cdots\cdots ② \end{cases}$

## 2 연립방정식의 풀이 (Ⅰ): 가감법

(1) 두 방정식에 적당한 수를 곱하여 두 식을 서로 빼거나 더하여 한 미지수를 소거한 후 남은 미지수의 값을 구한다.

(2) 구한 값을 주어진 식 중의 하나에 대입하여 다른 미지수의 값을 구한다.

† 연립방정식에서 두 일차 방정식을 변끼리 서로 더하거나 빼어서 한 미지수를 소거하여 연립방정식의 해를 구하는 방법을 가감법이라 한다.

† 소거: 두 식에서 주어진 관계식을 이용하여 한 미지수를 없애는 것.

**예** 연립방정식 $\begin{cases} 3x - 2y = 4 & \cdots\cdots ① \\ 4x + 3y = 11 & \cdots\cdots ② \end{cases}$ 에서

$y$를 소거하기 위해 $3 \times ① + 2 \times ②$를 하면

$$9x + 8x = 12 + 22$$
$$17x = 34$$
$$\therefore \; x = 2$$

$x = 2$를 ①에 대입하면

$$3 \times 2 - 2y = 4$$
$$-2y = -2$$
$$\therefore \; y = 1$$

따라서 연립방정식의 해는 $x = 2,\ y = 1$ 이다.

## 3 연립방정식의 풀이 (II): 대입법

(1) 한 방정식을 한 미지수($x$ 혹은 $y$)에 대하여 푼 후, 그것을 다른 방정식에 대입하여 남은 미지수의 값을 구한다.

(2) 구한 값을 한 미지수에 대하여 푼 식에 대입하여 다른 미지수의 값을 구한다.

**예** 연립방정식 $\begin{cases} 2x+y=3 & \cdots\cdots ① \\ x-2y=4 & \cdots\cdots ② \end{cases}$ 에서

식 ①에서 $y=3-2x$이므로 이 식을 ②에 대입하면

$$x-2(3-2x)=4$$
$$5x=10$$
$$\therefore\ x=2$$
$$\therefore\ y=3-2x=3-2\times 2=-1$$

따라서 연립방정식의 해는 $x=2,\ y=-1$이다.

**예제 2.1.1** 연립방정식 $\begin{cases} 2x+4y=2 & \cdots\cdots ① \\ 3x-y=-11 & \cdots\cdots ② \end{cases}$ 을 가감법으로 풀어라.

**풀이** 주어진 식에서 $y$를 소거하기 위해 ①$+4\times$②를 하면

$$2x+12x=2-44$$
$$14x=-42$$
$$\therefore\ x=-3$$

$x=-3$를 ②에 대입하면

$$3\times(-3)-y=-11$$
$$-y=-2$$
$$\therefore\ y=2$$

따라서 연립방정식의 해는 $x=-3,\ y=2$ 이다.

**예제 2.1.2** 연립방정식 $\begin{cases} 2x = 3y & \cdots\cdots ① \\ 4x - y = 10 & \cdots\cdots ② \end{cases}$ 을 대입법으로 풀어라.

**풀이** 식 ①에서 $x = \dfrac{3y}{2}$ 이므로 이 식을 ②에 대입하면

$$4 \times \frac{3y}{2} - y = 10$$

$$5y = 10$$

$$\therefore \ y = 2$$

$$\therefore \ x = \frac{3y}{2} = \frac{3 \times 2}{2} = 3$$

따라서 연립방정식의 해는 $x = 3$, $y = 2$ 이다.

**예제 2.1.3** [$X = Y = C$ **꼴인 연립방정식의 풀이**] 다음 연립방정식을 만족하는 $x$, $y$를 구하여라.

$$2x - y = 3x - y - 4 = 7$$

**풀이** $X = Y = C$ 꼴의 연립방정식은 $\begin{cases} X = C \\ Y = C \end{cases}$ 를 이용하여 푼다.

$$\begin{cases} 2x - y = 7 & \cdots\cdots ① \\ 3x - y - 4 = 7 & \cdots\cdots ② \end{cases}$$

위 식에서 미지수가 포함된 항을 좌변에, 상수항을 우변에 모아 정리하면 주어진 연립방정식 ①, ②는 다음과 같이 된다.

$$\begin{cases} 2x - y = 7 & \cdots\cdots ①' \\ 3x - y = 11 & \cdots\cdots ②' \end{cases}$$

여기에서 ②′ − ①′을 하면

$$x = 4$$

이고, 이 값을 ①′에 대입하면

$$2 \times 4 - y = 7$$

$$\therefore \ y = 1$$

이다.

**예제 2.1.4** **[해가 없는 연립방정식]** 다음 연립방정식을 풀어라.

$$\begin{cases} 2x + 3y = 4 & \cdots\cdots ① \\ 6x + 9y = 7 & \cdots\cdots ② \end{cases}$$

**풀이** 주어진 식 ①, ②에서 $3 \times$ ① $-$ ②를 하여 정리하면

$$3(2x + 3y) - (6x + 9y) = 3 \times 4 - 7$$
$$0 = 5 \qquad \cdots ③$$

이다. 그런데 식 ③은 참이 될 수 없으므로 주어진 연립방정식 ①, ②의 해는 없다.

† 연립방정식의 한 식을 변형하였을 때, 다른 한 식과 미지수의 계수가 같고 상수항이 다른 경우에는 연립방정식의 해가 존재하지 않는다. 주어진 식 ②를 3으로 나누면 $2x + 3y = \frac{7}{3}$이다. 따라서 좌변이 주어진 식 ①과 같지만 우변 값이 다르므로 두 식을 동시에 만족하는 $x$, $y$가 존재하지 않는다.

# 연습문제 2.1

**01** 다음 연립방정식을 풀어라.

(1) $\begin{cases} 2x - y = 4 \\ 3x + 2y = 6 \end{cases}$

(2) $\begin{cases} 2x - 3y = 2 \\ 4x - 3y = -4 \end{cases}$

(3) $\begin{cases} x + y = 3 \\ 2x - 3y = 6 \end{cases}$

(4) $\begin{cases} 12 + y = 2(x - y) \\ 3x + 4y = 1 \end{cases}$

(5) $\begin{cases} 3x - 2y - 7 = 4x + 2y + 7 \\ 10x + 8 = -7y \end{cases}$

(6) $\begin{cases} 0.2x + 0.1y + \dfrac{1}{2} = 0 \\ \dfrac{x}{4} - \dfrac{y}{3} + 2 = 0 \end{cases}$

(7) $\begin{cases} \dfrac{y}{3} + \dfrac{1}{2} = \dfrac{x}{2} - \dfrac{2}{3} \\ \dfrac{x}{5} - \dfrac{y}{10} = \dfrac{1}{2} \end{cases}$

(8) $\begin{cases} \dfrac{x}{2} - y = -\dfrac{1}{2} \\ 0.3x + 0.2y = \dfrac{1}{2} \end{cases}$

**02** 연립방정식 $2x - y - 8 = x + 2y + 5 = 3$을 풀어라.

**03** 연립방정식 $\begin{cases} 3x + 2y = 1 \\ 2x - y = -4 \end{cases}$의 해가 일차방정식 $kx + 2y + 3 = 0$을 만족할 때 상수 $k$의 값과 방정식의 해를 구하여라.

**04** $\dfrac{x - y + 5}{2} = \dfrac{x + y - 2}{3} = x$를 만족하는 $x$, $y$를 구하여라.

† 가장 간단한 식을 두 번 사용하여 연립방정식을 만든다.

**05** 연립방정식 $\begin{cases} \dfrac{3}{x} + \dfrac{1}{y} = 11 & \cdots\cdots ① \\ \dfrac{2}{x} - \dfrac{1}{y} = 4 & \cdots\cdots ② \end{cases}$ 의 해를 구하여라.

# 2.2 연립방정식의 활용

## 1 연립방정식을 이용한 문제 풀이[2)]

(1) 무엇을 미지수로 나타낼 것인가를 정한다.

(2) 문제의 뜻에 맞는 방정식(미지수들의 관계식)을 세운다.

(3) 방정식을 풀어 미지수를 구한다.

(4) 구한 해가 문제의 뜻에 맞는지 확인한다.

**예제 2.2.1** 아랫변의 길이가 윗변의 길이의 2배이고 높이가 4[cm]인 사다리꼴의 넓이가 30[cm$^2$]일 때 윗변과 아랫변의 길이를 구하여라.

**풀이** 윗변과 아랫변의 길이를 각각 $x$[cm], $y$[cm]라 하면

$$\begin{cases} y = 2x \\ \dfrac{1}{2}(x+y)\times 4 = 30 \end{cases}$$

연립방정식을 풀면 $x=5$, $y=10$이다. 따라서 윗변과 아랫변의 길이는 각각 5[cm], 10[cm]이다.

**예제 2.2.2** 각 자리의 숫자의 합이 7인 두 자리의 자연수가 있다. 일의 자리의 숫자와 십의 자리의 숫자를 서로 바꾼 수는 처음 수보다 9만큼 크다고 할 때 처음 자연수를 구하여라.

**풀이** 처음 두 자리의 자연수에서 십의 자리와 일의 자리의 숫자를 각각 $x$, $y$라고 하면

$$\begin{cases} x+y = 7 \\ 10y+x = 10x+y+9 \end{cases}$$

이고, 이 연립방정식을 풀면 $x=3$, $y=4$이다. 따라서 처음 자연수는 34이다.

**예제 2.2.3** 2% 소금물과 6% 소금물을 섞어서 5% 소금물 600 g을 만들려고 한다. 이때 필요한 2% 소금물과 6% 소금물의 양을 구하여라.

---

2) 학부과정 전공 문제는 간단한 연립 방정식으로 풀 수 있는 문제가 많다. 문제의 뜻에 맞게 식을 세우고 이 식을 풀어서 원하는 물리량을 구하는 방법에 익숙해지도록 한다.

**풀이** 2% 소금물과 6% 소금물의 양을 각각 $x$[g], $y$[g]라고 하면 전체 소금물의 양

$$x + y = 600 \qquad \cdots ①$$

이고, 소금의 양은 변함이 없으므로

$$\frac{2}{100}x + \frac{6}{100}y = \frac{5}{100} \times 600$$

$$\therefore \ x + 3y = 1500 \qquad \cdots ②$$

①, ②를 연립하여 풀면 $x = 150$, $y = 450$이다. 따라서 필요한 2% 소금물과 6% 소금물의 양은 각각 150[g], 450[g]이다.

**예제 2.2.4** 8km/hr의 속력으로 뛰어 가다가 4km/hr의 속력으로 걸어서 2시간 30분 만에 16km의 순환 도로를 한 바퀴 돌았다. 뛰어간 거리와 걸어 간 거리는 각각 몇 km인가?

**풀이** 뛰어간 거리를 $x$[km], 걸어간 거리를 $y$[km]라고 하면,
○ 전체 거리 : $x + y = 16$
○ 소요 시간 : $\frac{x}{8} + \frac{y}{4} = 2 + \frac{30}{60}$ $\left(\because \text{ 시간} = \frac{\text{거리}}{\text{속도}}\right)$
두 식을 연립하여 풀면 $x = 12$[km], $y = 4$[km]이다.

**예제 2.2.5** 이상기체의 정압비열($C_p$), 정적비열($C_v$), 기체상수($R$) 사이에는 다음 관계식이 성립한다.

$$C_p - C_v = R$$

기체의 비열비 $k = \frac{C_p}{C_v}$일 때 정압비열과 정적비열을 기체상수 $R$과 비열비 $k$로 나타내어라.

**풀이** 주어진 조건으로부터 다음과 같이 정압비열($C_p$)과 정적비열($C_v$)에 대한 연립방정식이 세워진다.

$$\begin{cases} C_p - C_v = R & \cdots\cdots ① \\ k = \dfrac{C_p}{C_v} & \cdots\cdots ② \end{cases}$$

이 식을 풀면 $C_p$와 $C_v$가 구해진다.

②에서 $C_p = kC_v$이므로 이것을 ①에 대입하면

$$kC_v - C_v = R$$
$$(k-1)C_v = R$$
$$\therefore \ C_v = \frac{R}{k-1}$$

이고,

$$C_p = kC_v = \frac{kR}{k-1}$$

이다.

**예제 2.2.6** 그림과 같이 질량 $m = 3\text{kg}$과 $M = 7\text{kg}$의 물체가 도르래를 지나는 줄로 연결되어 일정한 가속도로 운동하고 있다. 줄의 무게와 도르래의 마찰력을 무시할 때 물체의 가속도와 줄에 걸리는 상력을 구하여라.

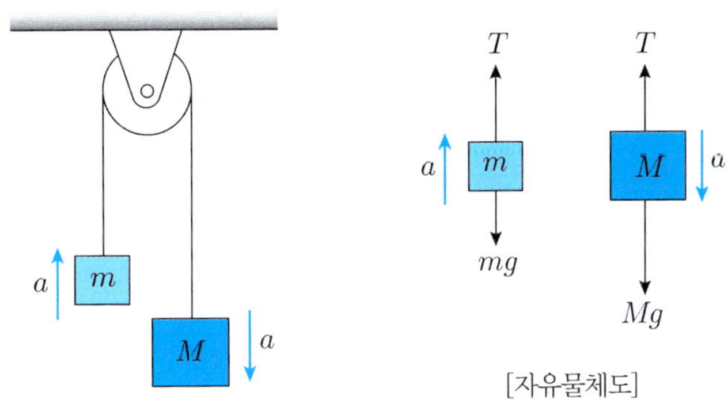


[그림 2.2.1] 도르래와 물체

**풀이** 줄에 걸리는 장력을 $T$, 가속도를 $a$로 놓고 각각의 물체에 대한 자유물체도를 그려 문제를 해석한다. 줄로 연결된 두 물체는 무거운 물체($M$)가 낙하하는 방향(↓)으로 운동한다.
질량 $m$의 물체는 위로 운동하므로 이 방향(↑)을 양(+)으로 잡고 운동 이 물체에 대해 제2법칙을 적용하면

$$T - mg = ma \qquad \cdots ①$$

이고, 질량 $M$의 물체는 아래로 운동하므로 이 방향(↓)을 양(+)으로 잡고 2법칙을 적용하면

$$Mg - T = Ma \qquad \cdots ②$$

이다. ①+②에서

$$Mg - mg = ma + Ma$$

$$\therefore \ a = \frac{M-m}{M+m} g \qquad \cdots ③$$

이고, ③을 ①에 대입하면 인장력

$$T = \frac{2mM}{M+m} g \qquad \cdots ④$$

이다. ③, ④로부터 $m = 3\text{kg}$, $M = 7\text{kg}$일 때 가속도와 장력은 다음과 같다.

$$a = \frac{M-m}{M+m} g = \frac{(7-3)\text{kg}}{(7+3)\text{kg}} \times 9.8\,\text{m/s}^2 = 3.92\,[\text{m/s}^2]$$

$$T = \frac{2mM}{M+m} g = \frac{2 \times (3\text{kg}) \times (7\text{kg})}{7\text{kg} + 3\text{kg}} \times 9.8\,\text{m/s}^2 = 41.16\,[\text{N}]$$

**예제 2.2.7** 그림 (a)와 같이 부분적으로 등분포하중 $4\text{kN/m}$를 받고 있는 보의 받침점 A, B에서의 반력을 구하여라. 단, 보의 무게는 무시한다.

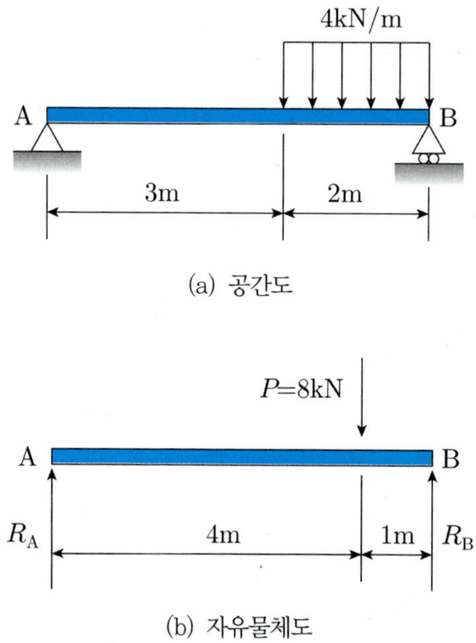


[그림 2.2.2] 등분포하중을 받는 보

**풀이** 분포하중의 중심은 B에서 1m 떨어진 곳이다. 따라서 그림 (b)와 같이 분포하중을 이 위치에 작용하는 집중하중

$$P = (4\text{kN}/\text{m}) \times 2\text{m} = 8\text{kN}$$

으로 대체하여 반력을 구한다. (b)의 자유물체도에서 점 B에 대한 모멘트 평형

$$\sum M_{\text{B}} = 0$$

을 적용하면

$$R_{\text{A}} \times (4+1)\text{m} - 8\text{kN} \times 1\text{m} = 0$$

$$\therefore \; R_{\text{A}} = \frac{8}{5}\text{kN}$$

이고, 수직방향 힘의 평형

$$\sum F_y = 0$$

을 적용하면 $R_{\text{B}}$가 구해진다.

$$R_{\text{A}} + R_{\text{B}} - 8\text{kN} = 0$$

$$\frac{8}{5}\text{kN} + R_{\text{B}} - 8\text{kN} = 0$$

$$\therefore \; R_{\text{B}} = 8 - \frac{8}{5} = \frac{32}{5}\,[\text{kN}]$$

**예제 2.2.8** [그림 2.2.3(a)]와 같이 $2\Omega$, $3\Omega$, $4\Omega$의 저항을 병렬로 연결하여 24V의 전압을 걸어 주었다. 다음을 구하여라.

(1) 회로의 전체 저항(합성저항)

(2) 회로에 흐르는 전체전류

(3) 각 저항($2\Omega$, $3\Omega$, $4\Omega$)에 걸리는 전압

(4) 각 저항($2\Omega$, $3\Omega$, $4\Omega$)에 흐르는 전류

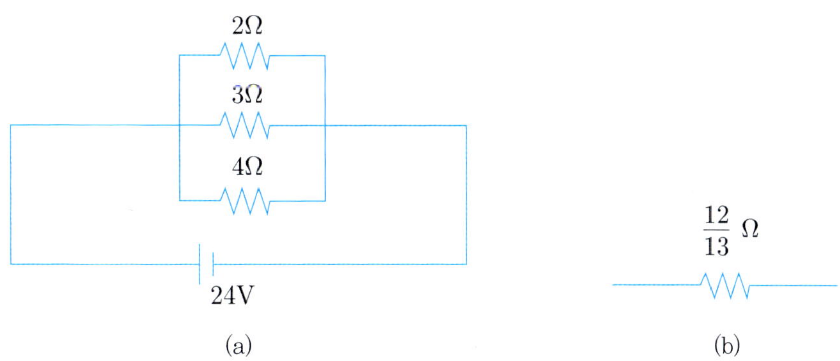


[그림 2.2.3] 전기회로

**풀이** (1) 병렬 연결할 때는 각 저항의 역수를 모두 더한 값이 합성 저항($R$)의 역수와 같으므로

$$\frac{1}{R}=\frac{1}{R_1}+\frac{1}{R_2}+\frac{1}{R_3}=\frac{1}{2}+\frac{1}{3}+\frac{1}{4}=\frac{13}{12}$$

$$\therefore\ R=\frac{12}{13}\Omega$$

이다[그림 2.2.3(b)].

(2) 전체저항 $R=\frac{12}{13}\Omega$에 전압 $V=24\text{V}$가 걸리고 있으므로 회로에 흐르는 전체전류($I$)는 다음과 같다.

$$I=\frac{V}{R}=\frac{24}{12/13}=26\,[\text{A}]$$

(3) 병렬연결에서 각 저항에 걸리는 전압이 모두 같으므로 세 개의 저항($2\Omega$, $3\Omega$, $4\Omega$)에 걸리는 전압은 $V_1=V_2=V_3=V=24\text{V}$이다.

(4) $R_1=2\Omega$, $R_2=3\Omega$, $R_3=4\Omega$에 걸리는 전압이

$$V_1=V_2=V_3=24\text{V}$$

이므로 각 저항에 흐르는 전류는 다음과 같다.

$$I_1=\frac{V_1}{R_1}=\frac{24}{2}=12\,[\text{A}]$$
$$I_2=\frac{V_2}{R_2}=\frac{24}{3}=8\,[\text{A}]$$
$$I_3=\frac{V_3}{R_3}=\frac{24}{4}=6\,[\text{A}]$$

여기에서 전체전류 $I=I_1+I_2+I_3=26\text{A}$ (병렬연결)임을 알 수 있다.

**예제 2.2.9** 수소($H_2$)와 질소($N_2$)가 화학 반응하여 암모니아($NH_3$)가 생성될 때, 반응하는 수소와 질소 및 생성되는 암모니아의 부피 비를 구하여라. [단, 기체는 같은 온도, 같은 압력이면 같은 부피 속에 같은 수의 분자를 포함한다(아보가드로(Avogadro)의 법칙)].

**풀이** 수소, 질소, 암모니아 분자 수를 각각 $x$, $y$, $z$라 하면 화학반응식은 다음과 같다.

$$xH_2+yN_2\rightarrow zNH_3$$

여기에서 원자는 보존되므로 다음과 같은 관계식이 유도된다.

○수소원자 수: $2x=3z$ …①

$$\bigcirc \text{ 질소원자 수: } 2y = z \qquad \cdots ②$$

식 ①, ②를 연립하여 풀면

$$x = \frac{3z}{2}, \ y = \frac{z}{2}$$

이다. 따라서 세 기체의 부피 비는 다음과 같다.

$$(\text{수소}:\text{질소}:\text{암모니아}) = x : y : z = \frac{3z}{2} : \frac{z}{2} : z = 3 : 1 : 2$$

**예제 2.2.10** 한 변의 길이가 50 cm 이고 비중이 0.7인 정육면체 물체가 그림과 같이 반듯하게 떠 있을 때 물속에 가라앉은 깊이($h$)를 구하여라.

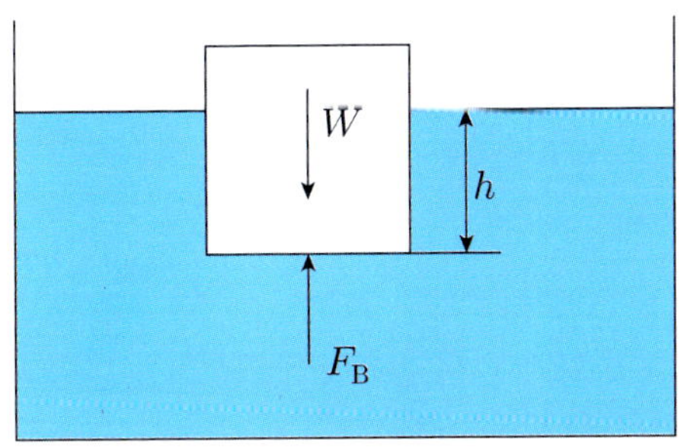


[그림 2.2.4] 부력

**풀이** 물 위에 떠 있을 때 물체의 무게($W$)와 부력($F_B$)이 평형을 이루고 있다. 물체의 밀도와 물의 밀도를 각각 $\rho$, $\rho_w$, 물체의 부피와 물에 잠긴 물체의 부피를 각각 $V$, $V_1$으로 하면

$$F_B = W$$

$$\therefore \ \rho_w g V_1 = \rho g V$$

이다. 따라서 물속으로 늘어난 물체의 높이를 $h$라 하면

$$V_1 = 50 \times 50 \times h \ [\text{cm}^3]$$
$$V = 50 \times 50 \times 50 \ [\text{cm}^3]$$

이고, 물체의 밀도 $\rho = S\rho_w = 0.7\rho_w$이므로

$$\rho_w g \times (50 \times 50 \times h) = (0.7\rho_w) g \times (50 \times 50 \times 50)$$

$$\therefore \ h = 35 \, [\text{cm}]$$

이다. 즉, 물속으로 35cm 만큼 가라앉는다.

**예제 2.2.11** 그림과 같이 길이 $L$의 속이 빈 구리 튜브(1) 내에 강철실린더(2)가 끼워져 압축력 ($P$)을 받고 있다. 구리튜브의 면적과 탄성계수는 각각 $A_1$, $E_1$이고, 강철실린더의 면적과 탄성계수는 각각 $A_2$, $E_2$일 때 다음을 구하여라.

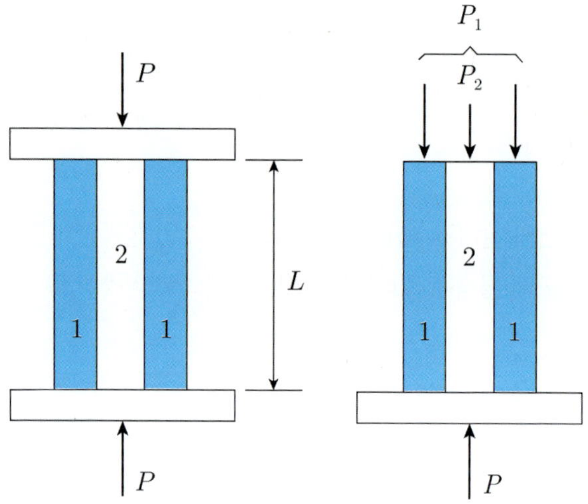


[그림 2.2.5] 복합 부재

(1) 구리 튜브와 강철 실린더에 발생하는 응력

(2) 길이 방향의 변형률

(3) 압축에 의해 줄어든 길이

**풀이** (1) 구리 튜브와 강철 실린더에 걸리는 하중을 각각 $P_1$, $P_2$라 하면 힘의 평형에 의해

$$P_1 + P_2 = P \qquad \cdots ①$$

이다. 구리튜브는 $P_1$에 의해 $P_1L/A_1E_1$만큼 줄어들고, 강철 실린더는 $P_2$에 의해 $P_2L/A_2E_2$만큼 줄어든다. 따라서 두 재료의 줄어든 길이는 서로 같으므로

$$\frac{P_1L}{A_1E_1} = \frac{P_2L}{A_2E_2}$$

$$\therefore \frac{P_1}{A_1E_1} = \frac{P_2}{A_2E_2} \qquad \cdots ②$$

이다. ②에서 $P_2 = (A_2E_2/A_1E_1)P_1$을 구하여 ①에 대입하면

$$P_1 + (\frac{A_2E_2}{A_1E_1})P_1 = P$$

$$\therefore \quad P_1 = \frac{A_1E_1}{A_1E_1 + A_2E_2}P \qquad \cdots ③$$

이고,

$$P_2 = \frac{A_2E_2}{A_1E_1}P_1 = \frac{A_2E_2}{A_1E_1 + A_2E_2}P \qquad \cdots ④$$

이다. 따라서 두 재료에 발생하는 응력은 다음과 같다.

$$\sigma_1 = \frac{P_1}{A_1} = \frac{E_1}{A_1E_1 + A_2E_2}P \qquad \cdots ⑤$$

$$\sigma_2 = \frac{P_2}{A_2} = \frac{E_2}{A_1E_1 + A_2E_2}P \qquad \cdots ⑥$$

(2) 두 재료의 변형률은 같고 훅의 법칙에 의해

$$\epsilon = \frac{\sigma}{E} = \frac{P_1}{A_1E_1} = \frac{P}{A_1E_1 + A_2E_2} \qquad \cdots ⑦$$

이다.

(3) 복합재료의 줄어든 길이는 다음과 같다.

$$\Delta = \frac{P_1L}{A_1E_1} = \frac{PL}{A_1E_1 + A_2E_2} \qquad \cdots ⑧$$

**예제 2.2.12** 어떤 재료에 일정 진폭으로 반복응력이 작용하고 있다. 평균응력 $\sigma_m = 240\text{MPa}$이고 응력비 $R = 0.2$일 때 최대응력($\sigma_{max}$)과 최소응력($\sigma_{min}$)을 구하여라. 평균응력($\sigma_m$)과 응력비($R$)는 다음과 같이 정의된다.

$$\sigma_m = \frac{\sigma_{max} + \sigma_{min}}{2}, \quad R = \frac{\sigma_{min}}{\sigma_{max}}$$

**풀이** 최대응력을 $\sigma_{max}$, 최소응력을 $\sigma_{min}$라 하면 응력비의 정의에서

$$R = \frac{\sigma_{min}}{\sigma_{max}}$$

$$\therefore \quad \sigma_{min} = R\sigma_{max}$$

이다. 이 식을 평균응력의 정의식에 대입하여 $\sigma_{max}$을 구한 후 $\sigma_{min}$을 구하면 다음과 같다.

$$\sigma_m = \frac{\sigma_{max} + \sigma_{min}}{2} = \frac{\sigma_{max} + R\sigma_{max}}{2}$$

$$= \frac{(1+R)\sigma_{max}}{2}$$

$$\therefore \ \sigma_{max} = \frac{2\sigma_m}{1+R} = \frac{2 \times 240}{1+0.2} = 400\,[\mathrm{MPa}]$$

$$\sigma_{min} = R\sigma_{max} = 0.2 \times 400 = 80\,[\mathrm{MPa}]$$

**예제 2.2.13** 그림의 (a)와 같이 마찰이 없는 수평면 위에 질량 $m$, $M$인 두 물체 A, B를 접촉시켜 놓고 수평 방향으로 $P$의 힘으로 밀어주었다. 두 물체의 가속도와 A와 B 사이에 작용하는 힘을 구하여라.

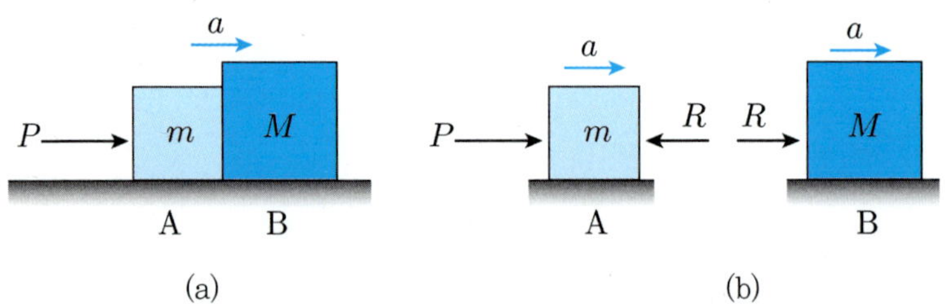


[그림 2.2.6] 작용 반작용의 법칙

**풀이** 두 물체 A와 B 사이에 작용하는 힘을 $R$로 하여 자유물체도를 그리면 그림의 (b)와 같다. 여기에서 물체 A는 B를 $R$의 힘으로 오른쪽으로(→) 밀어주며 A와 B 사이에 작용하는 힘은 작용 반작용의 법칙에 따라 크기가 같고 방향이 반대이다.

그림 (b)에서 질량 $m$인 A의 물체에 운동 제2법칙을 적용하면

$$(+\rightarrow)\sum F = ma: \ P - R = ma \qquad \cdots ①$$

이고, 질량 $M$인 B의 물체에 운동 제 2법칙을 적용하면

$$(+\rightarrow)\sum F = Ma: \ R = Ma \qquad \cdots ②$$

이다. 여기에서 ①+②를 하면 다음과 같이 가속도($a$)가 구해진다.

$$P = ma + Ma$$

$$P = (m+M)a$$

$$\therefore \ a = \frac{P}{m+M} \qquad \cdots ③$$

그리고 ③을 ②에 대입하면 A와 B 사이에 작용하는 힘($R$)은 다음과 같다.

$$R = Ma = \frac{MP}{m+M} \qquad \cdots ④$$

# 연습문제 2.2

**01** 둘레의 길이가 36m인 직사각형이 있다. 가로 길이는 세로 길이의 2배보다 6m가 적다고 할 때 직사각형의 넓이를 구하여라.

**02** 총 길이가 10km인 등산로가 있다. 처음에는 2km/hr의 속력으로 가다가 다음에는 4km/hr의 속력으로 걸었더니 완주하는데 총 3시간이 걸렸다. 2km/hr의 속력으로 간 거리와 4km/hr의 속력으로 간 거리를 구하여라.

**03** 일정 속력의 배를 타고 길이가 576m인 강을 오르내렸다. 올라가는데 18분, 내려오는데 12분이 걸렸다면 정지된 물에서의 배의 속력과 강물의 속력은 각각 몇 m/min인가? 단, 강물은 일정 속력으로 흐른다고 가정한다.

**04** 합금 $A$는 구리 10%, 주석 15%, 합금 $B$는 구리 20%, 주석 40%를 함유하고 있다. 두 종류의 합금을 녹여서 구리 100g, 주석 175g을 포함하는 합금을 만들려면 $A$와 $B$는 각각 몇 g이 있어야 하는가?

**05** 두 자리 자연수가 있다. 각 자리 숫자의 합은 9이고, 십의 자리 숫자와 일의 자리 숫자를 바꾼 수는 처음 수보다 45만큼 크다. 처음 수를 구하여라.

**06** 그림 (a)와 같이 마찰이 없는 수평면 위에서 질량 $m=2\text{kg}$과 $M=3\text{kg}$의 두 물체를 실로 연결하여 수평 방향으로 $F=40\text{N}$의 힘으로 끌었다. (b)의 자유물체도를 이용하여 두 물체를 연결하는 실에 걸리는 인장력($T$)과 물체의 가속도($a$)를 구하여라. 실의 무게는 무시한다. (†질량 $m$, 가속도 $a$일 때 뉴턴운동법칙은 $\sum F=ma$이다.)

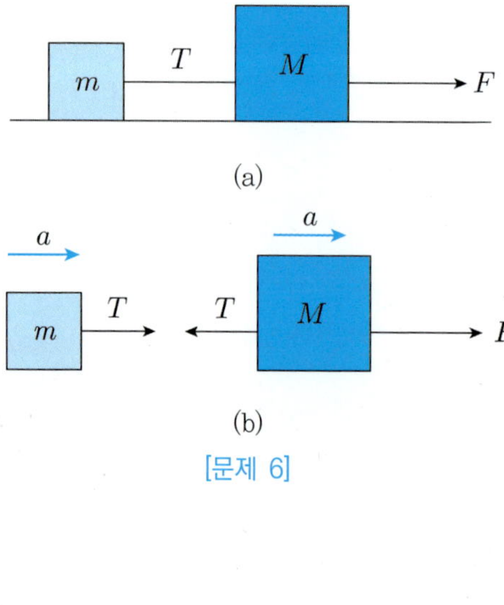


[문제 6]

# 제3장 인수분해

# 3.1 인수분해 공식

## 1 인수분해

하나의 다항식을 두 개 이상의 단항식이나 다항식의 곱으로 나타내는 것을 인수분해라 한다.

(1) 인수분해를 하는 방법은 여러 가지가 있지만 기본 원칙은 공통인수를 찾는 것이다.

(2) 특정 형태의 다항식은 인수분해 공식을 이용하면 편리하다.

## 2 공통인수에 의한 인수분해

(1) $ax + ay = a(x + y)$

(2) $a(x + y) + b(x + y) = (a + b)(x + y)$

예 (1) $a + 2ab = a(1 + 2b)$

(2) $2x^2 + 4x = 2x(x + 2)$

(3) $3x^2y + 6xy^2 = 3xy(x + 2y)$

(4) $ax + 2x + 3a + 6 = x(a + 2) + 3(a + 2) = (a + 2)(x + 3)$

(5) $(x + 2y)^2 + 4x + 8y = (x + 2y)^2 + 4(x + 2y) = (x + 2y)(x + 2y + 4)$

(6) $(x - 1)^2 + 2(x - 1)^3 = (x - 1)^2\{1 + 2(x - 1)\} = (x - 1)^2(2x - 1)$

## 3 인수분해 공식

(1) $a^2 + 2ab + b^2 = (a + b)^2, \qquad a^2 - 2ab + b^2 = (a - b)^2$

(2) $a^2 - b^2 = (a + b)(a - b)$

(3) $x^2 + (a + b)x + ab = (x + a)(x + b)$

(4) $acx^2 + (ad + bc)x + bd = (ax + b)(cx + d)$

(5) $a^2 + b^2 + c^2 + 2ab + 2bc + 2ca = (a + b + c)^2$

(6) $a^3 + 3a^2b + 3ab^2 + b^3 = (a + b)^3$

$a^3 - 3a^2b + 3ab^2 - b^3 = (a - b)^3$

(7) $a^3 + b^3 = (a + b)(a^2 - ab + b^2)$

$a^3 - b^3 = (a - b)(a^2 + ab + b^2)$

(8) $a^3+b^3+c^3-3abc=(a+b+c)(a^2+b^2+c^2-ab-bc-ca)$

(9) $a^4+a^2b^2+b^4=(a^2+ab+b^2)(a^2-ab+b^2)$

† 특정 형태의 다항식은 인수분해 공식을 이용하면 편리하다.

**예** (여기에서 $A \cdot B = A \times B$를 나타낸다.)

(1) $x^2+6x+9=x^2+2\cdot x\cdot 3+3^2=(x+3)^2$

(2) $4x^2-9y^2=(2x)^2-(3y)^2=(2x+3y)(2x-3y)$

(3) $x^2+5x+6=x^2+(2+3)x+2\times 3=(x+2)(x+3)$

(4) $3x^2+10x+8=1\cdot 3x^2+(1\cdot 4+2\cdot 3)x+2\cdot 4=(x+2)(3x+4)$

# 3.2 복잡한 식의 인수분해

## 1 공통부분이 있는 식과 여러 개의 문자가 포함된 식

(1) 변수 치환: 식의 공통부분 또는 식의 일부를 다른 문자로 치환하여 인수분해한다.

(2) 복이차식($ax^4+bx^2+c$의 형태): $x^2=X$로 놓고 $aX^2+bX+c$를 인수분해하거나 적당한 식을 더하거나 빼서 $(Ax+B)^2-(Cx)^2$의 꼴로 변형하여 인수분해한다.

(3) 여러 개의 문자가 포함된 식: 한 문자에 대하여 정리한 후 인수분해한다.

① 차수가 가장 낮은 문자에 대해 내림차순으로 정리한다.

② 차수가 같을 때는 어느 한 문자에 대하여 내림차순으로 정리한다.

**예** [변수 치환]

(1) $(x^2-2x+3)(x^2-2x+2)-2=(A+3)(A+2)-2 \quad (\leftarrow x^2-2x=A)$

$$=A^2+5A+4$$
$$=(A+1)(A+4)$$
$$=(x^2-2x+1)(x^2-2x+4)$$
$$=(x-1)^2(x^2-2x+4)$$

(2) $(x+y)(x+y-1)-2(x+y)-4=A^2-3A-4 \quad (\leftarrow x+y=A)$

$$=(A+1)(A-4)$$
$$=(x+y+1)(x+y-4)$$

**예** [$x^4+ax^2+b$의 형태]

(1) $x^4-3x^2-4=X^2-3X-4 \quad (\leftarrow x^2=X)$

$$=(X-4)(X+1)$$
$$=(x^2-4)(x^2+1)$$
$$=(x-2)(x+2)(x^2+1)$$

(2) $x^4-5x^2+4=(x^4+4x^2+4)-9x^2$

$$=(x^2+2)^2-(3x)^2 \quad (\leftarrow A^2-B^2)$$
$$=(x^2+2+3x)(x^2+2-3x)$$
$$=(x+1)(x+2)(x^2-3x+2)$$

**예** [여러 개의 문자가 포함된 식]

(1) $ab+b+a+1=a(b+1)+(b+1)=(a+1)(b+1)$

(2) $x^2+2xy-2y-1=2y(x-1)+(x^2-1)=2y(x-1)+(x-1)(x+1)$
$$=(x-1)(x+2y+1)$$

(3) $x^2+2y^2+3xy-2x-2y=x^2+x(3y-2)+2y^2-2y$
$$=x^2+x(3y-2)+y\times(2y-2)$$
$$=(x+y)(x+2y-2)$$

이상에서 기본적인 몇 가지 유형을 예로 들었지만 여러 유형이 섞여있는 문제가 많으므로 인수분해는 식의 전개와 달리 많은 연습이 필요하다.

# 3.3 고차식의 인수분해

## 1 나머지 정리

(1) $x$에 대한 다항식 $f(x)$를 일차식 $(x-\alpha)$로 나누었을 때의 나머지는 $f(\alpha)$이다.

(2) 일반적으로 다항식 $f(x)$를 일차식 $(ax+b)$로 나누었을 때의 나머지는 $f\left(-\dfrac{b}{a}\right)$이다.

## 2 인수정리

$x$에 대한 다항식 $f(x)$가

$$f(\alpha)=0 \Leftrightarrow f(x)=(x-\alpha)Q(x)$$

이다. 이때 $f(x)$는 $(x-\alpha)$로 나누어떨어진다고 한다.

## 3 인수정리를 이용한 다항식 $f(x)$의 인수분해

(1) $f(\alpha)=0$가 되는 $\alpha$를 구한다.

(2) 조립제법을 사용하여 $f(x)$를 $(x-\alpha)$로 나눈 몫 $Q(x)$를 구한다.

$$\rightarrow f(x)=(x-\alpha)Q(x)$$

(3) 다시 몫 $Q(x)$를 인수분해할 수 있으면 인수분해한다.

## 4 인수 $(x-\alpha)$를 찾는 방법

$f(\alpha)=0$가 되는 $\alpha$는

$$x=\pm\frac{\text{상수항의 약수}}{\text{최고차항 계수의 약수}}$$

를 대입하여 찾는다.

**예** $f(x)=2x^3+x^2-8x-4$인 경우

$$x=\pm\frac{\text{상수항 }-4\text{의 약수}}{\text{최고차항 계수 }2\text{의 약수}}=\pm\frac{1}{2},\ \pm1,\ \pm2,\ \pm4$$

를 대입하여 $f(x)=0$가 되는 $\alpha$를 찾는다.
여기에서는

$$f\left(-\frac{1}{2}\right)=0,\ f(2)=0,\ f(-2)=0$$

가 되므로 $f(x)$는

$$2x+1,\ x-2,\ x+2$$

를 인수로 갖는다.

## 5 조립제법

다항식 $f(x)$를 일차식 $(x-\alpha)$로 나눌 때 직접 나누지 않고 계수만을 사용하여 몫[$Q(x)$]과 나머지($R$)를 구하는 방법.

$$f(x)=(x-\alpha)Q(x)+R$$

**예** [조립제법: 3차식 $f(x)=A_0x^3+A_1x^2+A_2x+A_3$를 $(x-\alpha)$로 나눌 때]

$$\begin{array}{c|cccc} \alpha & A_0 & A_1 & A_2 & A_3 \\ & & \alpha B_0 & \alpha B_1 & \alpha B_2 \\ \hline & A_0 & (A_1+\alpha B_0) & (A_2+\alpha B_1) & (A_3+\alpha B_2) \\ & \downarrow & \downarrow & \downarrow & \downarrow \\ & B_0 & B_1 & B_2 & R \end{array}$$

→ 몫 $Q(x)=B_0x^2+B_1x+B_2$, 나머지 $R=A_3+\alpha B_2$

**예** [$x^3-2x^2+3x-4$를 $x-2$로 나눌 때의 몫과 나머지]

$$\begin{array}{c|cccc} 2 & 1 & -2 & 3 & -4 \\ & & 2 & 0 & 6 \\ \hline & 1 & 0 & 3 & \boxed{2} \end{array}$$

$\therefore$ 몫$=x^2+3$, 나머지$=2$

**예** [인수정리를 이용한 다항식 $f(x)=x^3-2x^2-5x+6$의 인수분해]
$f(1)=0$이므로 $f(x)$는 $(x-1)$을 인수로 갖는다.
조립제법을 사용하여 몫 $Q(x)$를 구한다.

$$\begin{array}{c|cccc} 1 & 1 & -2 & -5 & 6 \\ & & 1 & -1 & -6 \\ \hline & 1 & -1 & -6 & \boxed{0} \end{array}$$

$$\therefore \quad Q(x) = x^2 - x - 6$$

$$\begin{aligned} \therefore \quad f(x) &= (x-1)Q(x) = (x-1)(x^2-x-6) \\ &= (x-1)(x+2)(x-3) \end{aligned}$$

**예제 3.1** $f(x) = x^3 + ax^2 + bx + 2$가 $x-1$, $x-2$를 인수로 가질 때 상수 $a, b$의 값을 구하여라.

**풀이** $x-1$, $x-2$를 인수로 가지므로

$$f(1) = a + b + 3 = 0$$
$$f(2) = 4a + 2b + 10 = 0$$
$$\therefore \quad a = -2, \; b = -1$$

**예제 3.2** $(x+1)^4 + (x+1)^2y^2 + y^4$을 인수분해하여라.

**풀이** $(x+1) = X$로 놓으면,

$$\begin{aligned} \bigcirc \text{준 식} &= X^4 + X^2y^2 + y^4 \\ &= (X^4 + 2X^2y^2 + y^4) - X^2y^2 = (X^2+y^2)^2 - (Xy)^2 \\ &= (X^2 + y^2 - Xy)(X^2 + y^2 + Xy) \\ &= (x^2 + y^2 - xy + 2x - y + 1)(x^2 + y^2 + xy + 2x + y + 1) \end{aligned}$$

**예제 3.3** $x^6 - 26x^3 - 27$을 인수분해하여라.

**풀이** $\bigcirc$ 준 식 $= (x^3+1)(x^3-27)$ ($\leftarrow x^3 = X$ 로 생각하여 인수분해)

$$\begin{aligned} &= (x+1)(x^2-x+1)(x-3)(x^2+3x+9) \\ &= (x+1)(x-3)(x^2-x+1)(x^2+3x+9) \end{aligned}$$

**예제 3.4** $x^2 - 3y^2 + 2xy + 3x + 5y + 2$를 인수분해하여라.

**풀이** $x$에 관하여 내림차순으로 정리한 후 인수분해.

$$\begin{aligned} \bigcirc \text{준 식} &= x^2 + x(2y+3) - 3y^2 + 5y + 2 \\ &= x^2 + x(2y+3) - (3y+1)(y-2) \\ &= \{x + (3y+1)\}\{x - (y-2)\} \\ &= (x + 3y + 1)(x - y + 2) \end{aligned}$$

**예제 3.5** $xy^2 - y^2 - x - y + 2$를 인수분해하여라.

**풀이** 낮은 차수를 갖는 $x$에 관하여 내림차순으로 정리한 후 인수분해한다.

$$\begin{aligned}\text{○ 준 식} &= x(y^2-1)-(y^2+y-2)\\ &= x(y-1)(y+1)-(y-1)(y+2)\\ &= (y-1)(xy+x-y-2)\end{aligned}$$

**예제 3.6** 임의 단면을 갖는 관 내부에 물이 가득 차서 흐를 때 물이 접하는 관 테두리의 길이를 $P$, 관의 단면적을 $A$라고 하면 수력지름은 $D_H = \dfrac{4A}{P}$로 정의된다. 안쪽지름 $D_1$, 바깥쪽지름 $D_2$인 동심실린더 사이에 물이 가득 차서 흐를 때 동심실린더의 수력지름을 구하여라.

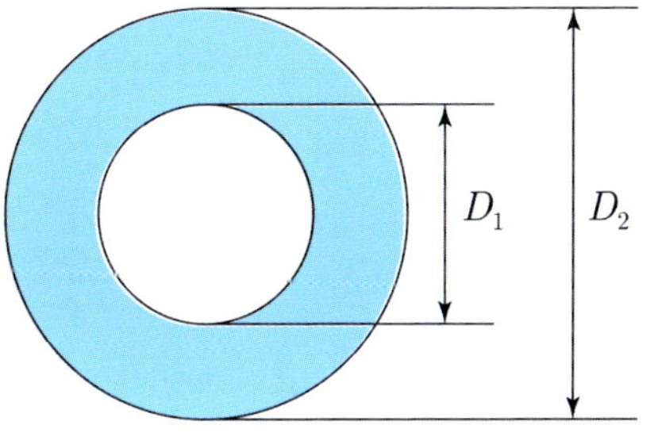


[그림 3.6.1] 수력지름

**풀이** 물이 접하는 관 테두리의 길이($P$)는 바깥 실린더의 원주와 안쪽 실린더의 원주의 합이다.

$$P = \pi D_1 + \pi D_2 = \pi(D_1 + D_2)$$

그리고 물이 흐르는 관의 단면적($A$)은 바깥 실린더의 단면적 $\dfrac{\pi D_2^2}{4}$에서 안쪽 실린더의 단면적 $\dfrac{\pi D_1^2}{4}$을 뺀 것이다.

$$\begin{aligned}A &= \frac{\pi D_2^2}{4} - \frac{\pi D_1^2}{4} = \frac{\pi}{4}(D_2^2 - D_1^2)\\ &= \frac{\pi}{4}(D_2 - D_1)(D_2 + D_1)\end{aligned}$$

따라서 수력지름($D_H$)은 다음과 같다.

$$
\begin{aligned}
D_H = \frac{4A}{P} &= \frac{4 \times \frac{\pi}{4}(D_2 - D_1)(D_2 + D_1)}{\pi(D_2 + D_1)} \\
&= D_2 - D_1
\end{aligned}
$$

# 연습문제 3

**01** 다음 식을 인수분해하여라.

(1) $ab-2b-a+2$

(2) $ax+by-bx-ay$

(3) $x^2-ax-x+a$

(4) $\frac{3}{2}x^2y-\frac{9}{2}xy^2$

(5) $12x^2-4x-21$

(6) $4x^2+2xy-12y^2$

**02** 다음 식을 인수분해하여라.

(1) $1-x^8$

(2) $a^3+64$

(3) $x^2-y^2+z^2-2zx$

(4) $a^2+ca-ab-bc$

(5) $x^2-y^2-x+5y-6$

(6) $a^2-2b^2-ca+ab+bc$

**03** $a-b=9$일 때 $a^2+b^2-2ab-4a+4b+4$의 값을 구하여라.

**04** $2x+3y=2$, $xy=1$일 때 $8x^3+27y^3$의 값을 구하여라.

**05** $x^4-2x^2+3x+4$를 $(x+2)$로 나눌 때의 몫과 나머지를 구하여라.

**06** $2x^3+ax^2+bx+4$는 $x-1$로 나누어떨어지고, $x-2$로 나누면 나머지가 $16$이다. $a-b$의 값을 구하여라.

**07** $2x^2+ax-3=(2x+b)(cx-3)$일 때 $a$, $b$, $c$의 값을 구하여라

**08** 인수분해를 이용하여 $k=\frac{2014^3-1}{2014\times2015+1}$의 값을 구하여라.

**09** $x-y=-2$이고 $x^2y-xy^2-x+y=-8$일 때 $x^2+y^2$의 값을 구하여라.

# 제4장 이차방정식

# 4.1 복소수

## 1 허수단위

다음과 제곱하여 $-1$이 되는 수를 생각하여 이것을 기호 $i$로 나타내기로 한다.

$$i^2 = -1$$

이때 $i$를 허수단위(imaginary unit)라 한다.

† 자연수 $n$에 대하여 $i^{4n} = 1$, $i^{4n+1} = i$, $i^{4n+2} = -1$, $i^{4n+3} = -i$이다.

## 2 음의 실수의 제곱근

(1) $A > 0$일 때 $-A$의 제곱근은 $\pm\sqrt{A}\,i$이다.

(2) 음의 실수 $-A\,(A > 0)$에 대해 $\sqrt{-A} = \sqrt{A}\,i$로 정의한다.

(3) $A < 0$, $B < 0$이면 $\sqrt{A}\sqrt{B} = -\sqrt{AB}$

(4) $A > 0$, $B < 0$이면 $\dfrac{\sqrt{A}}{\sqrt{B}} = -\sqrt{\dfrac{A}{B}}$

예 (1) $x^2 = -4$를 만족하는 $x = \pm\sqrt{4}\,i = \pm 2i$

(2) $\sqrt{-9} = \sqrt{9}\,i = 3i$, $\quad -\sqrt{-9} = -\sqrt{9}\,i = -3i$

(3) $\sqrt{-2}\sqrt{-3} = (\sqrt{2}\,i)(\sqrt{3}\,i) = \sqrt{2\times 3}\,i^2 = -\sqrt{6}$

(4) $\dfrac{\sqrt{3}}{\sqrt{-2}} = \dfrac{\sqrt{3}}{\sqrt{2}\,i} = \sqrt{\dfrac{3}{2}} \times \dfrac{1}{i} = \sqrt{\dfrac{3}{2}} \times \dfrac{i}{i^2} = -\sqrt{\dfrac{3}{2}}\,i = -\sqrt{\dfrac{3}{-2}}$

## 3 복소수

$a$, $b$가 실수(real number)일 때 $a+bi$로 나타내어지는 수를 복소수(complex number)라 한다. 복소수 중에서 $b \neq 0$인 수를 허수(imaginary number)라 하고, $a = 0$, $b \neq 0$인 수를 순허수라고 한다.

$$\bigcirc \text{복소수}(a+bi)\begin{cases}\text{실수 } a\ (b=0) \\ \text{허수 } (b\neq 0)\begin{cases}\text{순허수 } bi\ (a=0,\ b\neq 0) \\ \text{순허수가 아닌 허수 } (a\neq 0,\ b\neq 0)\end{cases}\end{cases}$$

(1) $X$가 실수이면 $X^2 \geq 0$

(2) $X$가 순허수이면 $X^2 < 0$

**예** (1) $2^2=4\ (>0),\ (-2)^2=4\ (>0)$

(2) $(2i)^2=2^2\times i^2=4\times(-1)=-4\ (<0)$

$(-2i)^2=(-2)^2\times i^2=4\times(-1)=-4\ (<0)$

## 4 켤레복소수

$a, b$가 실수일 때 복소수 $z=a+bi$에 대하여 허수부분의 부호를 바꾼 복소수 $a-bi$를 $z$의 켤레복소수라 하고, $\bar{z}$로 나타낸다.

$$z=a+bi \Leftrightarrow \bar{z}=\overline{a+bi}=a-bi$$

**예** (1) $z=-1+i \quad \Leftrightarrow \quad \bar{z}=-1-i$

(2) $z=5i \quad \Leftrightarrow \quad \bar{z}=-5i$

(3) $z=8 \quad \Leftrightarrow \quad \bar{z}=8$

## 5 복소수의 상등

$a, b, c, d$가 실수일 때 $a+bi=c+di \Leftrightarrow a=c,\ b=d$

**예** $2+ai=-b+3i$이면 $a=3,\ b=-2$

## 6 복소수의 사칙연산

$a, b, c, d$가 실수일 때

(1) 덧셈: $(a+bi)+(c+di)=(a+c)+(b+d)i$

(2) 뺄셈: $(a+bi)-(c+di)=(a-c)+(b-d)i$

(3) 곱셈: $(a+bi)\times(c+di)=(ac-bd)+(ad+bc)i$

(4) 나눗셈: $\dfrac{(a+bi)}{(c+di)}=\dfrac{ac+bd}{c^2+d^2}+\dfrac{-ad+bc}{c^2+d^2}i$ (단, $c+di\neq 0$)

예 (1) $(4+3i)+(-2+5i)=2+8i$

(2) $(3+5i)-(1-2i)=2+7i$

(3) $(1+2i)(3-4i)=3-4i+6i-8i^2=11+2i$

(4) $\dfrac{2+3i}{1-2i}=\dfrac{(2+3i)(1+2i)}{(1-2i)(1+2i)}=\dfrac{2+4i+3i+6i^2}{1+2^2}=-\dfrac{4}{5}+\dfrac{7i}{5}$

**예제 4.1.1** 다음을 계산하여라.

(1) $\sqrt{(-2)^4}-\sqrt{16}$

(2) $\sqrt{0.1}\times\sqrt{0.4}\times\sqrt{25}$

**풀이** (1) $\sqrt{(-2)^4}-\sqrt{16}=\sqrt{4^2}-\sqrt{4^2}$

$$=4-4=0$$

(2) $\sqrt{0.1}\times\sqrt{0.4}\times\sqrt{25}=\sqrt{\dfrac{1}{10}}\times\sqrt{\dfrac{4}{10}}\times\sqrt{5^2}$

$$=\frac{1}{\sqrt{10}}\times\frac{2}{\sqrt{10}}\times 5=\frac{10}{10}=1$$

**예제 4.1.2** $x=\sqrt{2}-1$일 때 $2x^4+4x^3+4x+5$의 값을 구하여라.

**풀이** $x=\sqrt{2}-1$에서 $x+1=\sqrt{2}$이므로

$$(x+1)^2=(\sqrt{2})^2$$

$$\therefore\ x^2+2x=1$$

$$\begin{aligned}\therefore\ 2x^4+4x^3+4x+5&=2x^2(x^2+2x)+4x+5\\&=2x^2+4x+5=2(x^2+2x)+5\\&=2+5=7\end{aligned}$$

**예제 4.1.3** 다음을 계산하여라.

(1) $\dfrac{1-\sqrt{-4}}{1+\sqrt{-4}}$

(2) $1+i^2+i^3+i^4+i^5+i^6$

**풀이** (1) $\dfrac{1-\sqrt{-4}}{1+\sqrt{\ \ 4}}=\dfrac{1-\sqrt{4}\,i}{1+\sqrt{4}\,i}=\dfrac{1-2i}{1+2i}$

$$=\frac{(1-2i)(1-2i)}{(1+2i)(1-2i)}$$

$$=\frac{(1-2i)^2}{1^2+2^2}$$

$$=\frac{1-4i-4}{5}$$

$$=\frac{-3-4i}{5}$$

$$=-\frac{3}{5}-\frac{4}{5}i$$

(2) $1+i^2+i^3+i^4+i^5+i^6=1-1-i+1+i-1=0$

## 연습문제 4.1

**01** 다음을 계산하여라.

(1) $2(-3+4i)-(1-i)+3(-2-3i)$

(2) $2-i-(1-2i)-(-3+i)$

(3) $2(1+i)(1-2i)+(1+i)(-2-i)$

(4) $(1+2i)^2(1-2i)^2$

(5) $\dfrac{2+3i}{-1+2i}+\dfrac{2-3i}{-1-2i}$

**02** $a\sqrt{3}+\sqrt{8}+b(\sqrt{27}+\sqrt{2})=\sqrt{3}+\sqrt{2}$일 때 유리수 $a$, $b$의 값을 구하여라.

**03** $\alpha=2+3i$, $\beta=1-3i$일 때 $\alpha^2\beta+\alpha\beta^2$을 계산하여라.

**04** $(\sqrt{2}+i)(\sqrt{2}-i)(a+bi)=6-9i$를 만족하는 실수 $a$, $b$의 값을 구하여라.

**05** $\dfrac{a}{2+i}+\dfrac{b}{2-i}=2-3i$일 때 실수 $a$, $b$의 값을 구하여라.

**06** $x=2-i$, $y=2+i$일 때 $\dfrac{y}{x}+\dfrac{x}{y}$의 값을 구하여라.

**07** $z=\dfrac{1+i}{\sqrt{2}}$일 때, $z^8+z^6=a+bi$가 되는 실수 $a$, $b$의 값을 구하여라.

**08** $z=\dfrac{1-ai}{2+ai}$일 때 $z^2$이 음의 실수$(z^2<0)$가 되는 실수 $a$를 구하여라.

**09** $i^{10}+i^{11}+\dfrac{1}{i^{12}}+\dfrac{1}{i^{13}}$을 간단히 하여라.

# 4.2 이차방정식

## 1 이차방정식

미지수 $x$의 최고차항이 2차인 방정식 $ax^2+bx+c=0$ $(a \neq 0,\ a,b,c$는 상수)를 $x$에 대한 이차방정식이라 한다.

## 2 인수분해에 의한 풀이 방법

$x$에 대한 이차방정식이 $(ax-b)(cx-d)=0$ (단, $a \neq 0,\ c \neq 0$)로 인수분해되면 방정식의 근은 $x=\dfrac{b}{a}$ 또는 $x=\dfrac{d}{c}$

**예** $2x^2-7x+6=(2x-3)(x-2)$

$\therefore$ 방정식 $2x^2-7x+6=0$의 근은 $x=\dfrac{3}{2}$ 또는 $x=2$

## 3 제곱근을 이용한 풀이 방법

(1) $x^2=q$이면 $x=\pm\sqrt{q}$

(2) $(x+p)^2=q$이면 $x=-p\pm\sqrt{q}$

**예** (1) $x^2-4=0,\ x^2=4 \quad \therefore\ x=\pm\sqrt{4}=\pm 2$

(2) $x^2+9=0,\ x^2=-9 \quad \therefore\ x=\pm\sqrt{-9}=\pm\sqrt{9}\,i=\pm 3i$

(3) $x^2-4x-2=0$

$x^2-4x+4=2+4$

$\therefore\ (x-2)^2=6 \quad \therefore\ x=2\pm\sqrt{6}$

(4) $x^2-2x+3=0$

$x^2-2x+1=-2$

$\therefore\ (x-1)^2=-2 \quad \therefore\ x=1\pm\sqrt{-2}=1\pm\sqrt{2}\,i$

## 4 근의 공식에 의한 풀이 방법

$ax^2+bx+c=0\ (a\neq 0)$의 근은 $x=\dfrac{-b\pm\sqrt{b^2-4ac}}{2a}$

$Ax^2+2Bx+C=0\ (A\neq 0)$의 근은 $x=\dfrac{-B\pm\sqrt{B^2-AC}}{A}$

증명 (1) $ax^2+bx+c=0\ (a\neq 0)$

$$ax^2+bx+c=a\left\{x^2+\frac{b}{a}x+\left(\frac{b}{2a}\right)^2-\left(\frac{b}{2a}\right)^2\right\}+c$$

$$=a\left(x+\frac{b}{2a}\right)^2-\frac{b^2-4ac}{4a}=0$$

$$\therefore\ a\left(x+\frac{b}{2a}\right)^2=\frac{b^2-4ac}{4a}$$

$$\left(x+\frac{b}{2a}\right)=\pm\frac{\sqrt{b^2-4ac}}{2a}$$

$$\therefore\ x=-\frac{b}{2a}\pm\frac{\sqrt{b^2-4ac}}{2a}$$

$$=\frac{-b\pm\sqrt{b^2-4ac}}{2a}$$

(2) $Ax^2+2Bx+C=0(A\neq 0)$의 근은 위 식의 $a$, $b$, $c$에 $A$, $2B$, $C$를 각각 대입하면 유도된다.

예 (1) $x^2-5x+2=0$의 근

$$x=\frac{-(-5)\pm\sqrt{(-5)^2-4\times1\times2}}{2\times1}=\frac{5\pm\sqrt{17}}{2}$$

(2) $x^2+4x-3=0$의 근

$$x=\frac{-(2)\pm\sqrt{2^2-1\times(-3)}}{1}=-2\pm\sqrt{7}$$

(3) $x^2-x+1=0$의 근

$$x=\frac{-(-1)\pm\sqrt{(-1)^2-4\times1\times1}}{2}$$

$$= \frac{1 \pm \sqrt{-3}}{2}$$

$$= \frac{1 \pm \sqrt{3}i}{2}$$

**예제 4.2.1** **[인수분해]** 다음 이차방정식을 풀어라.

(1) $x^2 - 4x - 21 = 0$ (2) $2x^2 - 3x - 5 = 0$

(3) $4x^2 - 9 = 0$ (4) $x^2 + 12x + 36 = 0$

**풀이** (1) $x^2 - 4x - 21 = (x-7)(x+3)$

$$\therefore \ x = 7, \ -3$$

(2) $2x^2 - 3x - 5 = (2x-5)(x+1) = 0$

$$\therefore \ x = \frac{5}{2}, \ -1$$

(3) $4x^2 - 9 = (2x+3)(2x-3) = 0$

$$\therefore \ x = -\frac{3}{2}, \ \frac{3}{2}$$

(4) $x^2 + 12x + 36 = (x+6)^2 = 0$

$$\therefore \ x = -6$$

**예제 4.2.2** **[인수분해]** 다음 이차방정식을 풀어라.

$$(x-5)^2 - (x-5) - 12 = 0$$

**풀이** $(x-5)$를 한 문자로 보고 인수분해한다.

$$\begin{aligned}(x-5)^2 - (x-5) - 12 &= \{(x-5)+3\}\{(x-5)-4\} \\ &= (x-2)(x-9) = 0\end{aligned}$$

$$\therefore \ x = 2, \ 9$$

**예제 4.2.3** **[근의 공식]** 다음 이차방정식을 풀어라.

(1) $x^2 + 5x + 3 = 0$

(2) $2x^2 - 4x - 3 = 0$

**풀이** (1) 근의 공식에 $a=1,\ b=5,\ c=3$을 대입한다.

$$x=\frac{-5\pm\sqrt{5^2-4\times1\times3}}{2\times1}=\frac{-5\pm\sqrt{13}}{2}$$

(2) 근의 공식에 $A=2,\ B=-2,\ C=3$을 대입한다.

$$x=\frac{-(-2)\pm\sqrt{(-2)^2-2\times(-3)}}{2}$$
$$=\frac{2\pm\sqrt{10}}{2}$$

또는, 근의 공식에 $a=2,\ b=-4,\ c=-3$을 대입하면

$$x=\frac{-(-4)\pm\sqrt{(-4)^2-4\times2\times(-3)}}{2\times2}$$
$$=\frac{4\pm\sqrt{40}}{4}$$
$$=\frac{4\pm2\sqrt{10}}{4}$$
$$=\frac{2\pm\sqrt{10}}{2}$$

**예제 4.2.4** 다음 이차방정식의 한 근이 $\alpha$일 때 $\alpha^2+\dfrac{1}{\alpha^2}$의 값을 구하여라.

$$x^2-\sqrt{5}x+1=0$$

**풀이** $\alpha$는 방정식 $x^2-\sqrt{5}x+1=0$의 근이므로

$$\alpha^2-\sqrt{5}\alpha+1=0$$

이고 이 식의 양변을 $\alpha$로 나누면

$$\alpha-\sqrt{5}+\frac{1}{\alpha}=0$$
$$\therefore\ \alpha+\frac{1}{\alpha}=\sqrt{5}$$

이다. 따라서 준 식의 값은 다음과 같다.

$$\alpha^2+\frac{1}{\alpha^2}=\left(\alpha+\frac{1}{\alpha}\right)^2-2$$
$$=(\sqrt{5})^2-2$$
$$=3$$

**예제 4.2.5** 다음 4차 방정식의 근을 구하여라.

$$x^4+5x^3+8x^2+5x+1=0$$

**풀이** 주어진 방정식의 양변을 $x^2$으로 나누면

$$\begin{aligned} x^2+5x+8+\frac{5}{x}+\frac{1}{x^2} &= \left(x^2+\frac{1}{x^2}\right)+5\left(x+\frac{1}{x}\right)+8 \\ &= \left(x+\frac{1}{x}\right)^2+5\left(1+\frac{1}{x}\right)+6 \end{aligned}$$

이다. 여기에서

$$x+\frac{1}{x}=X$$

로 하면 준 식은 다음과 같이 $X$에 대한 이차방정식이 된다.

$$\begin{aligned} \left(x+\frac{1}{x}\right)^2+5\left(1+\frac{1}{x}\right)+6 &= X^2+5X+6 \\ &= (X+2)(X+3)=0 \end{aligned}$$

$$\therefore \ X=-2,\ -3$$

따라서 주어진 방정식의 해는 다음과 같이 구해진다.
$X=-2$에서

$$x+\frac{1}{x}=-2$$
$$x^2+1=-2x$$
$$x^2+2x+1=0$$
$$(x+1)^2=0$$
$$\therefore \ x=-1$$

$X=-3$에서

$$x+\frac{1}{x}=-3$$
$$x^2+1=-3x$$
$$x^2+3x+1=0$$
$$\therefore \ x=\frac{-3\pm\sqrt{5}}{2}$$

따라서 주어진 방정식의 해는 $x=-1,\ \dfrac{-3\pm\sqrt{5}}{2}$ 이다.

# 연습문제 4.2

**01** 다음 이차방정식을 풀어라.

(1) $x^2 - 11x + 24 = 0$

(2) $x^2 + 14x + 49 = 0$

(3) $2x^2 - 7x - 15 = 0$

(4) $12x^2 + 28x - 5 = 0$

(5) $4x^2 - 25 = 0$

(6) $\frac{3}{4}x^2 - \frac{5}{2}x + 1 = 0$

(7) $\frac{1}{2}x^2 - 0.4x - \frac{1}{5} = 0$

(8) $(x+4)^2 - 7(x+4) + 12 = 0$

**02** 이차방정식 $2x^2 - 6x + 1 = 0$의 두 근이 $\frac{A \pm \sqrt{B}}{2}$라고 할 때 $A+B$의 값을 구하여라.

**03** 이차방정식 $2x^2 + 5 = 0$의 근을 구하여라.

**04** 이차방정식 $2x^2 - 13x + k = 0$의 한 근이 5일 때 상수 $k$의 값을 구하여라.

**05** 이차방정식 $4(x-3)^2 - 5 = 0$을 풀어라.

**06** 이차방정식 $2x^2 + 8x - 1 = 0$을 $(x+A)^2 = B$로 나타낼 때 $A + 2B$의 값을 구하여라.

**07** $x^2 - \sqrt{3}x - 1 = 0$의 한 근이 $\alpha$일 때 $\alpha^2 + \frac{1}{\alpha^2}$의 값을 구하여라.

**08** $x$에 대한 이차방정식 $(1+i)x^2 + 2(1-i)x - (1+i) = 0$의 해를 구하여라. $i^2 = -1$이다.

**09** 이차방정식 $(2-\sqrt{3})x^2 - x - 1 + \sqrt{3} = 0$의 해를 구하여라.

# 4.3 이차방정식의 활용

## 1 판별식 (I)

계수 $a, b, c$가 실수인 이차방정식 $ax^2+bx+c=0$에서 $D=b^2-4ac$라고 하면 $D$에 따라 다음과 같은 근을 갖는다.

(1) $D>0 \Leftrightarrow$ 서로 다른 두 실근

(2) $D=0 \Leftrightarrow$ 중근(서로 같은 두 실근)

(3) $D<0 \Leftrightarrow$ 서로 다른 두 허근

## 2 판별식 (II)

$Ax^2+2Bx+C=0$이면 $\frac{D}{4}=B^2-AC$를 사용하면 편리하다.

(1) $D/4>0 \Leftrightarrow$ 서로 다른 두 실근

(2) $D/4=0 \Leftrightarrow$ 중근(서로 같은 두 실근)

(3) $D/4<0 \Leftrightarrow$ 서로 다른 두 허근

**설명** 근의 공식에서 $x=\frac{-b\pm\sqrt{b^2-4ac}}{2a}$이므로 근호 안의 값

$$D=b^2-4ac$$

의 부호에 따라 서로 다른 실근, 중근, 또는 허근을 갖는다.

**예** (1) $2x^2-3x-1=0$

$$D=(-3)^2-4\times2\times(-1)=17>0$$

$\therefore$ 서로 다른 두 실근

(2) $x^2+6x+9=0$

$$D=6^2-4\times1\times9=0 \quad (\text{또는 } D/4=3^2-1\times9=0)$$

$\therefore$ 중근

(3) $x^2-2x+3=0$

$$D=2^2-4\times1\times3=-8<0 \quad (\text{또는 } D/4=1^2-1\times3<0)$$

$\therefore$ 서로 다른 두 허근

## 3 근과 계수와의 관계

이차방정식 $ax^2+bx+c=0$ $(a\neq0)$의 두 근을 $\alpha$, $\beta$라 하면,

$$\alpha+\beta=-\frac{b}{a},\ \alpha\beta=\frac{c}{a}$$

이다.

**증명** $ax^2+bx+c=0$ $(a\neq0)$의 두 근이 $\alpha$, $\beta$ 이므로

$$\begin{aligned}ax^2+bx+c&=a(x-\alpha)(x-\beta)\\&=a\{x^2-(\alpha+\beta)x+\alpha\beta\}\\&=ax^2-a(\alpha+\beta)x+a(\alpha\beta)\end{aligned}$$

양변의 계수를 비교하면

$$b=-a(\alpha+\beta),\ c=a(\alpha\beta)$$

$$\therefore\ \alpha+\beta=-\frac{b}{a},\quad \alpha\beta=\frac{c}{a}$$

**예** $2x^2-7x+6=0$의 두 근을 $\alpha$, $\beta$라 하면,
두 근의 합 $\alpha+\beta=-\dfrac{(-7)}{2}=\dfrac{7}{2}$이고, 두 근의 곱 $\alpha\beta=\dfrac{6}{2}=3$이다.

## 4 이차방정식의 근이 무리수일 때와 허수일 때의 근의 성질

$x$에 대한 이차방정식 $ax^2+bx+c=0$ $(a\neq0)$에서

(1) 근이 무리수일 때: 계수 $a$, $b$, $c$가 유리수인 경우,
한 근이 $p+q\sqrt{k}$이면 다른 한 근은 $p-q\sqrt{k}$이다. (단, $p$, $q$는 유리수, $q\neq0$, $\sqrt{k}$는 무리수).

(2) 근이 허수일 때: 계수 $a, b, c$가 실수인 경우,
한 근이 $p+qi$이면 다른 한 근은 $p-qi$이다. (단, $p, q$는 실수, $q \neq 0$)

**설명** 근의 공식에서 $x = \dfrac{-b \pm \sqrt{b^2-4ac}}{2a} = -\dfrac{b}{2a} \pm \dfrac{\sqrt{b^2-4ac}}{2a}$
$\sqrt{b^2-4ac}$가 무리수인 경우에는 두 근 $p \pm q\sqrt{k}$,
$\sqrt{b^2-4ac}$가 허수인 경우에는 두 근 $p \pm qi$를 갖는다.

**예** (1) $x^2-4x+1=0$의 두 근은 $2+\sqrt{3}$, $2-\sqrt{3}$
(2) $x^2-2x+5=0$의 두 근은 $1+2i$, $1-2i$

## 5 이차방정식의 활용

방정식을 이용하여 문제를 푸는 일반적인 과정은 다음과 같다.
(1) 문제의 뜻을 파악하고 구하려 하는 것을 $x$로 놓는다.
(2) 주어진 조건을 이용하여 이차방정식을 세운다.
(3) 방정식을 푼다.
(4) 구한 해 중에서 문제의 뜻에 맞는 것을 선택한다.

**예** 밑변의 길이가 높이보다 3cm 더 긴 삼각형의 넓이가 $14\text{cm}^2$일 때 밑변의 길이를 구하는 과정은 다음과 같다.

- 밑변의 길이를 $x$[cm]라 하면 높이는 $x-3$[cm]이다. 따라서 삼각형의 넓이는

$$\frac{1}{2} \times \text{밑변} \times \text{높이}$$

이므로 다음과 같은 $x$에 대한 이차방정식이 얻어진다.

$$\frac{1}{2}x(x-3)=14$$

$$\therefore \quad x^2-3x-28=0$$

이 방정식을 풀면

$$x^2-3x-28=(x-7)(x+4)=0$$

$$\therefore \quad x=7, \ -4$$

인데 변의 길이 $x>0$이므로 $x$의 값은 7이 된다. 따라서 구하는 밑변의 길이는 7cm이다.

**예제 4.3.1** **[판별식 $D$]** 이차방정식 $2x^2+3x+2-k=0$이 중근을 가질 때 상수 $k$의 값과 근을 구하여라.

**풀이** $a=2,\ b=3,\ c=2-k$이므로

$$D=b^2-4ac=3^2-4\times2\times(2-k)=0$$
$$-7+8k=0$$
$$\therefore\ k=\frac{7}{8}$$

이 값을 주어진 방정식에 대입하면

$$\begin{aligned}2x^2+3x+2-\frac{7}{8}&=2x^2+3x+\frac{9}{8}\\&=2\left(x^2+\frac{3}{2}+\frac{9}{16}\right)\\&=2\left(x+\frac{3}{4}\right)^2\end{aligned}$$
$$\therefore\ x=-\frac{3}{4}$$

이다.

**예제 4.3.2** **[판별식 $D/4$]** 이차방정식 $x^2+12x+4+k=0$이 중근을 가질 때 상수 $k$의 값과 근을 구하여라.

**풀이** $A=1,\ B=6,\ C=4+k$이므로

$$D/4=B^2-AC=6^2-1\times(4+k)=0$$
$$32-k=0$$
$$\therefore\ k=32$$

이 값을 주어진 방정식에 대입하면

$$x^2+12x+4+32=(x+6)^2=0$$
$$\therefore\ x=-6$$

이다.

**예제 4.3.3** **[근과 계수와의 관계]** 이차방정식 $2x^2-7x+k+4=0$ ($k$는 상수)의 한 근이 4일 때 상수 $k$의 값과 다른 한 근을 구하여라.

**풀이** $a=2,\ b=-7,\ c=k+4$이고, 한 근 $\alpha=4$이다. 다른 한 근을 $\beta$로 하면

$$\alpha+\beta=-\frac{b}{a}$$
$$4+\beta=-\frac{(-7)}{2}$$
$$\therefore\ \beta=\frac{7}{2}-4=-\frac{1}{2}$$

따라서 다른 한 근은 $\beta=-\frac{1}{2}$이고

$$\alpha\beta=\frac{c}{a}$$
$$4\times\left(-\frac{1}{2}\right)=\frac{k+4}{2}$$
$$-2=\frac{k+4}{2}$$
$$\therefore\ k=-8$$

이다.

**예제 4.3.4** **[근과 계수와의 관계]** 이차방정식 $x^2-4x-3=0$의 두 근을 $\alpha,\ \beta$라고 할 때 다음 식의 값을 구하여라.

(1) $\frac{1}{\alpha}+\frac{1}{\beta}$ (2) $\alpha^2+\beta^2$

**풀이** 근과 계수와의 관계에서 $\alpha+\beta=4,\ \alpha\beta=-3$이다.

(1) $\frac{1}{\alpha}+\frac{1}{\beta}=\frac{\alpha+\beta}{\alpha\beta}=\frac{4}{-3}=-\frac{4}{3}$

(2) $\alpha^2+\beta^2=(\alpha+\beta)^2-2\alpha\beta=4^2-2\times(-3)=22$

**예제 4.3.5** **[근과 계수와의 관계]** 다음 이차방정식의 두 근이 $x=2\pm\sqrt{7}$일 때 상수 $m,\ n$의 값을 구하여라.

$$x^2+mx+n=0$$

**풀이** $a=1,\ b=m,\ c=n$이고, 근 $\alpha=2+\sqrt{7},\ \beta=2-\sqrt{7}$이다. 근과 계수와의 관계에서

$$\alpha+\beta=-\frac{b}{a}$$
$$(2+\sqrt{7})+(2-\sqrt{7})=-\frac{m}{1}$$
$$\therefore\ m=-4$$

이고,

$$\alpha\beta=\frac{c}{a}$$
$$(2+\sqrt{7})(2-\sqrt{7})=\frac{n}{1}$$
$$2^2-(\sqrt{7})^2=n$$
$$\therefore\ n=-3$$

이다.

**예제 4.3.6** 계수가 실수인 이차방정식 $x^2+ax+b=0$의 한 근이 $2-3i$일 때 $a$, $b$의 값을 구하여라.

**풀이** 계수가 실수이고 한 근 $\alpha=2-3i$이므로 다른 한 근

$$\beta=2+3i$$

이다. 근과 계수와의 관계에서

$$\alpha+\beta=4=-a$$
$$\alpha\beta=(2-3i)(2+3i)=(2^2+3^2)=13=b$$
$$\therefore\ a=-4,\ b=13$$

이다.

**예제 4.3.7** 이차방정식 $x^2+ax+b=0$의 한 근이 $3-\sqrt{3}$일 때 유리수 $a$, $b$의 값을 구하여라.

**풀이** 계수가 유리수인 이차방정식이므로 한 근 $\alpha=3-\sqrt{3}$이면 다른 한 근

$$\beta=3+\sqrt{3}$$

이다. 따라서 근과 계수와의 관계에서

$$\alpha+\beta=6=-a$$
$$\alpha\beta=6=b$$

$$\therefore \quad a = -6, \quad b = 6$$

이다.

**예제 4.3.8** 그림과 같이 가로와 세로가 각각 4m, 2m인 직사각형 모양의 정원이 있다. 이 정원의 가로와 세로를 같은 길이만큼 늘여서 넓이가 $63\,\text{m}^2$이 되게 할 때 늘여야 할 길이를 구하여라.

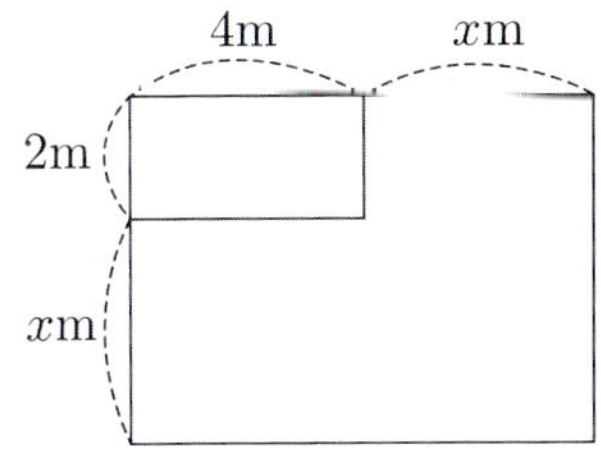


[그림 4.3.1] 직사각형 정원

**풀이** 늘이는 길이를 $x$[m]라 하면 정원의 변의 길이는 $x+2$[m], $x+4$[m]이 된다. 따라서 넓이가 $63\,\text{m}^2$이므로 다음과 같은 이차방정식이 얻어진다.

$$(x+2)(x+4) = 63$$

$$\therefore \quad x^2 + 6x - 55 = 0$$

이 방정식을 풀면

$$x^2 + 6x - 55 = (x+11)(x-5) = 0$$

$$\therefore \quad x = -11, \ 5$$

인데 여기에서 $x > 0$이므로 구하는 값은 $x = 5$이다. 따라서 늘여야 할 길이는 5[m]이다.

**예제 4.3.9** 진폭이 작을 때 길이 $l$인 진자(pendulum)의 운동은 미분 방정식 $l\dfrac{d^2\theta}{dt^2} + g\theta = 0$으로 기술되며 특성방정식은 $l\lambda^2 + g = 0$가 된다. $l > 0$, $g > 0$일 때 특성값 $\lambda$를 구하여라. 여기에서 $\theta$는 수직축에 대한 진자의 회전각, $g$는 중력가속도를 나타낸다.

**풀이** 특성방정식 $l\lambda^2 + g = 0$에서 $\lambda^2 = -\dfrac{g}{l}$이다.

$$\therefore \quad \lambda = \pm\sqrt{-\frac{g}{l}} = \pm\sqrt{\frac{g}{l}}\,i$$

† 이 식으로부터 각속도 $\omega = \sqrt{\frac{g}{l}}$, 주기 $T = \frac{2\pi}{\omega} = 2\pi\sqrt{\frac{l}{g}}$ 가 구해진다. 즉, 진자의 주기($T$)는 길이($l$)가 길수록 길어진다. 따라서 느리게 가는 벽시계는 길이를 줄여서 시간을 맞출 수 있다.

**예제 4.3.10** 지상에서 $v_0$[m/s]의 속력으로 똑바로 위로 쏘아 올린 공의 $t$초 후의 높이 $h = v_0 t - \frac{1}{2}gt^2$[m]가 된다. $v_0 = 12$[m/s]로 쏘아 올린 공은 몇 초 후에 5.4[m] 높이에 있는가? 단, 중력가속도 $g$는 10[m/s$^2$]으로 한다.

**풀이** 주어진 식 $h = v_0 t - \frac{1}{2}gt^2$를 $t$에 대한 방정식으로 쓰면 다음과 같은 2차 방정식이 된다. 이 식을 풀면

$$gt^2 - 2v_0 t + 2h = 0$$

$$\begin{aligned} \therefore \quad t &= \frac{v_0 \pm \sqrt{v_0^2 - 2gh}}{g} \\ &= \frac{12 \pm \sqrt{12^2 - 2 \times 10 \times 5.4}}{10} \\ &= \frac{12 \pm \sqrt{36}}{10} = \frac{12 \pm 6}{10} \end{aligned}$$

이다. 따라서 $t = 0.6$s 또는 1.8s 이다. 여기에서 0.6 초는 공이 올라갈 때, 1.8 초는 공이 내려올 때 5.4(m) 높이에 있는 시각을 나타낸다.

**예제 4.3.11** 그림과 같이 높이 $H$인 곳에서 물체를 자유 낙하시켰다. 낙하하는 물체가 높이 $\frac{H}{2}$를 지날 때의 속도 $v_1$과 지면에 도달하기 직전의 속도 $v_2$를 구하여라. 중력가속도는 $g$이다.

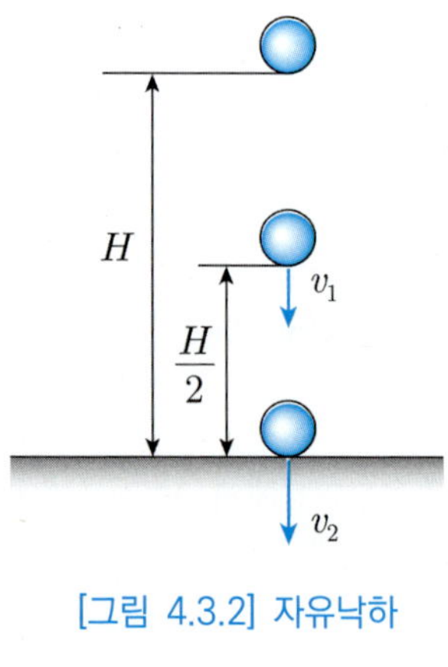


[그림 4.3.2] 자유낙하

**풀이** 물체를 자유 낙하시켰으므로 초기 속도 $v_0=0$이다. 따라서 지면을 위치에너지가 0인 기준면으로 잡으면 질량 $m$인 물체가 가지고 있는 역학적 에너지는 $mgH$가 된다. 이때 지면으로부터 높이 $h$인 점에서 물체의 속도가 $v$이면 역학적 에너지 보존법칙으로부터 다음 관계식을 얻는다.

$$\frac{1}{2}mv^2+mgh=mgH$$

$$\therefore\ v=\sqrt{2g(H-h)}$$

(1) 낙하하는 물체가 높이 $\frac{H}{2}$를 지날 때 속도 $v_1$: $h_1=\frac{H}{2}$일 때이므로

$$v_1=\sqrt{2g(H-h_1)}=\sqrt{2g\left(H-\frac{H}{2}\right)}=\sqrt{gH}$$

(2) 지면에 도달하기 직전의 속도 $v_2$: $h_2=0$일 때이므로

$$v_2=\sqrt{2g(H-h_2)}=\sqrt{2g(H-0)}=\sqrt{2gH}$$

**예제 4.3.12** 그림과 같이 스프링상수 $k$인 스프링 위로, 높이 $h$에서 질량 $m$인 물체가 자유낙하하여 정적하중 $F=mg$가 작용할 때, 충격에 의한 최대처짐 $\delta$를 구하여 $k$, $h$, $F$로 나타내어라.

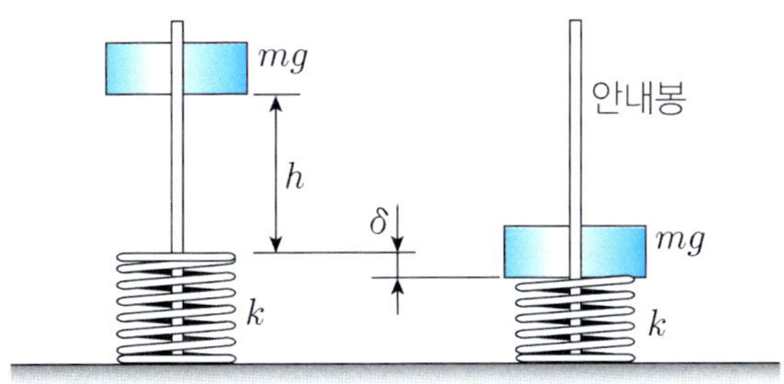


[그림 4.3.3] 충격하중과 변형량

**풀이** 물체의 위치에너지 $mg(h+\delta)$가 전부 스프링의 탄성에너지 $\frac{1}{2}k\delta^2$으로 변환될 때 최대처짐 $\delta$가 발생한다.

$$mg(h+\delta)=\frac{1}{2}k\delta^2\ \ (\leftarrow\ F=mg)$$

$$F(h+\delta)=\frac{1}{2}k\delta^2$$

$$k\delta^2 - 2F\delta - 2Fh = 0$$

$$\therefore \quad \delta = \frac{F + \sqrt{F^2 + 2kFh}}{k} = \frac{F}{k}\left(1 + \sqrt{1 + \frac{2kh}{F}}\right)$$

이상에서 $\delta > 0$이므로 $\delta = \dfrac{F - \sqrt{F^2 + 2kFh}}{k} < 0$는 해가 되지 않는다.

## 연습문제 4.3

**01** 이차방정식 $x^2+kx+(2k+5)=0$이 중근을 가질 때 상수 $k$의 값을 구하여라.

**02** 이차방정식 $x^2+ax+b=0$의 한 근이 $2+\sqrt{3}$일 때 유리수 $a, b$의 값을 구하여라.

**03** 이차방정식 $x^2+ax+b=0$의 한 근이 $\dfrac{2-\sqrt{2}i}{2}$일 때 실수 $a, b$의 값을 구하여라.

**04** 밑변의 길이가 높이보다 $4\text{cm}$ 더 긴 직사각형의 넓이가 $21\,\text{cm}^2$일 때 밑변의 길이를 구하여라.

**05** 공중으로 쏘아올린 공의 $t$초 후의 높이가 $y=-4.9t^2+14.7t[\text{m}]$라 할 때 이 공이 땅에 떨어질 때까지 걸린 시간을 구하여라.

**06** 한 변의 길이가 $x[\text{m}]$인 정사각형의 가로와 세로의 길이를 각각 $2[\text{m}]$, $4[\text{m}]$ 늘린 직사각형의 넓이가 처음 정사각형의 넓이의 $3$배일 때 $x$를 구하여라.

**07** 가로와 세로의 길이가 각각 $3\text{m}$, $5\text{m}$인 직사각형이 있다. 가로의 길이를 $x\text{m}$ 늘리고, 세로의 길이를 $x\text{m}$ 줄였을 때 직사각형의 넓이가 $7\text{m}^2$이 되면 $x$는 얼마인가?

**08** 그림과 같이 두 변의 길이가 각각 $7\text{m}$, $9\text{m}$인 직사각형 모양의 땅에 폭이 일정한 길을 만들었다. 길을 제외한 부분의 넓이가 $35\text{m}^2$일 때 길의 폭을 구하여라.

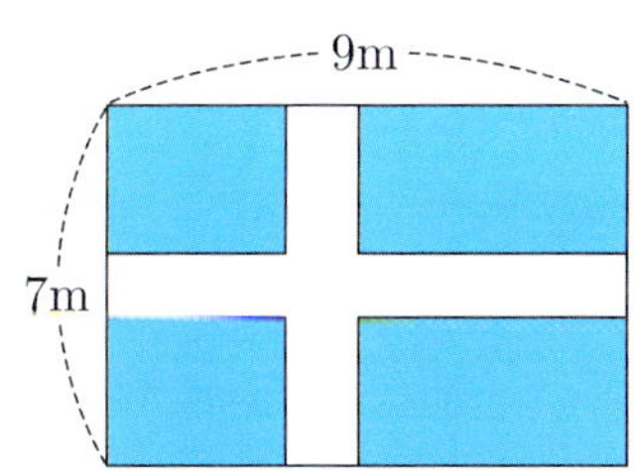


[문제 8]

**09** 그림과 같이 가로와 세로의 길이가 각각 $14\,\mathrm{m}$, $10\,\mathrm{m}$인 직사각형 모양의 땅에 폭이 $x[\mathrm{m}]$로 일정한 ㄷ 자 모양으로 잔디를 깔려 한다. 잔디가 깔리지 않는 땅의 넓이가 $72\,\mathrm{m}^2$일 때 $x$의 값을 구하여라.

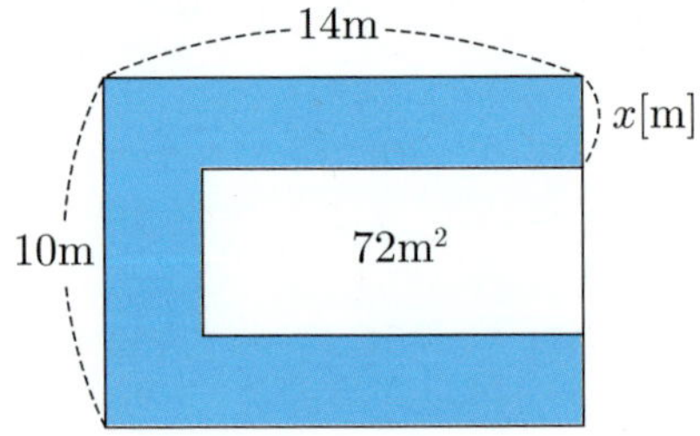


[문제 9]

**10** 그림과 같은 직각이등변 삼각형 ABC에서 세 변 AC, AB, BC 위에 각각 점 D, E, F를 잡아서 만든 직사각형 CDEF의 넓이가 $21\,\mathrm{m}^2$일 때 삼각형 BEF의 넓이를 구하여라.

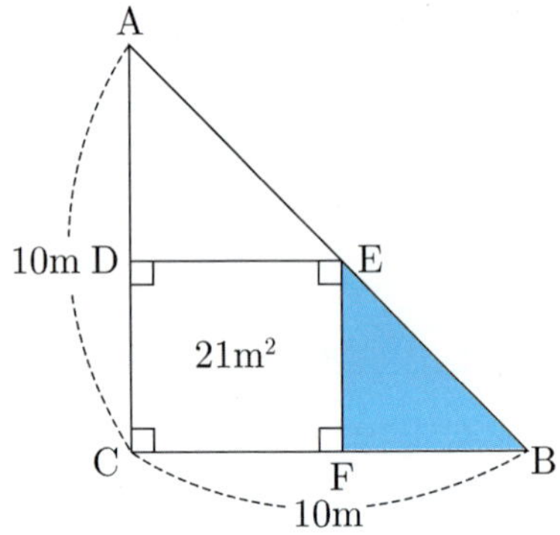


[문제 10]

**11** 길이가 $8\mathrm{m}$인 선분을 두 부분으로 나누어 그림과 같이 각각의 길이를 한 변으로 하는 두 개의 정사각형을 만들었을 때 두 정사각형의 넓이의 합이 $34\mathrm{m}^2$이었다. 이때 큰 정사각형의 한 변의 길이를 구하여라.

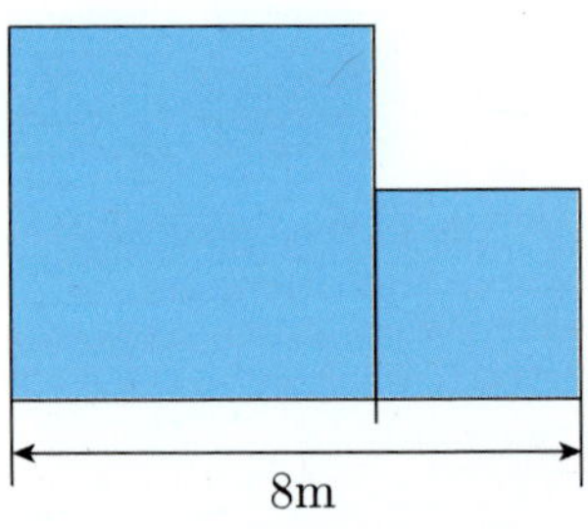


[문제 11]

# 제5장 부등식

# 5.1 일차부등식

## 1 부등식

(1) 부등식: 부등호(<, >, ≤, ≥)를 사용하여 수 또는 식의 대소 관계를 나타낸 것을 부등식이라 한다.

(2) 좌변, 우변, 양변: 부등식에서 부등호의 왼쪽 부분을 좌변, 오른쪽 부분을 우변, 좌변과 우변을 통틀어 양변이라고 한다.

예 부등식: $x \geq 2$, $x+2>2x+1$, $x^2-3x+1 \leq 0$

## 2 부등식의 성질

(1) 부등식의 양변에 같은 수를 더하거나 양변에서 같은 수를 빼어도 부등호의 방향은 바뀌지 않는다.

$$a>b\text{이면 } a+c>b+c,\ a-c>b-c$$

(2) 부등식의 양변에 같은 양수를 곱하거나 양변을 같은 양수로 나누어도 부등호의 방향이 바뀌지 않는다.

$$a>b\text{일 때 } c>0\text{이면 } ac>bc,\ \frac{a}{c}>\frac{b}{c}$$

(3) 부등식의 양변에 같은 음수를 곱하거나 양변을 같은 음수로 나누는 경우에는 부등호의 방향이 바뀐다.

$$a>b\text{일 때 } c<0\text{이면 } ac<bc,\ \frac{a}{c}<\frac{b}{c}$$

예 (1) $a>b$이면 $a+2>b+2$, $a-2>b-2$

(2) $a>b$이면 $2a>2b$, $\frac{a}{2}>\frac{b}{2}$

(3) $a>b$이면 $-2a<-2b$, $-\frac{a}{2}<-\frac{b}{2}$

## 3 일차부등식의 풀이

미지수가 $x$일 때,

(1) $x$를 포함하는 항은 모두 좌변으로, 상수항은 우변으로 이항한 후 양변을 정리하여 $Ax > B$ (또는 $Ax \geq B$, $Ax < B$, $Ax \leq B$)의 꼴로 만든다.

(2) 부등식 $Ax > B$의 해

① $A > 0$일 때 $x > \dfrac{B}{A}$

② $A < 0$일 때 $x < \dfrac{B}{A}$

③ $A = 0$일 때: $B \geq 0$이면 해가 없다.
$B < 0$이면 $x$는 모든 실수.

† 일반적으로 $x$를 포함하는 항을 좌변으로 이항하여 정리하지만 상황에 따라 이들 항을 우변으로 이항하여 풀어도 된다.

**예제 5.1.1** 다음 부등식을 풀어라.

$$2(x-3)-3(x+2) < x+4$$

**풀이** 괄호를 먼저 푼 후 $x$항은 좌변으로, 상수항은 우변으로 이항하여 푼다.

$$\begin{aligned} 2(x-3)-3(x+2) &< x+4 \\ 2x-6-3x-6 &< x+4 \\ 2x-3x-x &< 4+6+6 \\ -2x &< 16 \end{aligned}$$

$$\therefore\ x > \frac{16}{-2} = -8$$

즉, 주어진 부등식을 만족하는 $x$의 범위는 $x > -8$이다.

† 등식과 달리 부등식에서는 음수를 나누거나 곱할 때는 부등호의 방향이 바뀐다는 것에 주의한다.

**예제 5.1.2** 다음 부등식을 풀어라.

$$\frac{2}{3}(x-1)+\frac{1}{6}(x-2) > \frac{1}{2}x-3$$

**풀이** 양변에 분모 2, 3, 6의 최소공배수 6을 곱하면

$$4(x-1)+(x-2) > 3x-18$$

괄호를 풀고 $x$항은 좌변으로, 상수항은 우변으로 이항하여 푼다.

$$4x-4+x-2 > 3x-18$$
$$4x+x-3x > -18+4+2$$
$$2x > -12$$
$$\therefore\ x > \frac{-12}{2} = -6$$

즉, 주어진 부등식을 만족하는 $x$의 범위는 $x > -6$이다.

**예제 5.1.3** 상수 $k<2$일 때 $(k-2)x > 3k-6$의 해를 구하여라.

**풀이** 주어진 부등식은

$$(k-2)x > 3(k-2)$$

로 쓸 수 있다. 여기에서 $k<2$이므로

$$k-2<0$$

이고, 부등식의 양변을 $k-2$로 나누면 부등호의 방향이 바뀐다. 따라서 부등식을 만족하는 $x$의 범위는 다음과 같다.

$$x < \frac{3(k-2)}{k-2} = 3$$
$$\therefore\ x < 3$$

**예제 5.1.4** $x$에 대한 다음 부등식의 해를 구하여라. 단, $a$는 상수이다.

(1) $ax-1 > x+2$

(2) $ax+1 \geq x+a$

**풀이** (1) 이항하여 정리하면 $(a-1)x > 3$

① $a>1$이면 $x > \dfrac{3}{a-1}$

② $a=1$이면 해가 없다. ($\because$ $0 \times x > 3$인 $x$는 없다.)

③ $a<1$이면 $x < \dfrac{3}{a-1}$

(2) 이항하여 정리하면 $(a-1)x \geq a-1$

① $a > 1$이면 $x \geq 1$

② $a = 1$이면 $x$는 모든 실수 ($\because$ 모든 $x$에 대하여 $0 \times x = 0$)

③ $a < 1$이면 $x \leq 1$

**예제 5.1.5** **[부등식 활용]** 연속하는 세 홀수의 합이 26보다 크고 32보다 작을 때 세 홀수를 구하여라.

**풀이** 세 홀수를 각각 $m-2,\ m,\ m+2$ ($m$은 홀수)라 하면 주어진 조건에서

$$26 < (m-2)+m+(m+2) < 32$$

$$26 < 3m < 32$$

$$\therefore\ 8.66\cdots < m < 10.66\cdots$$

$$\therefore\ m = 9, 10$$

여기에서 $m$은 홀수이므로 구하는 값은 $m=9$이다. 따라서 세 홀수는 7, 9, 11이다.

## 연습문제 5.1

**01** 다음 부등식을 풀어라.

(1) $x-1 \geq -x+3$

(2) $2(2x-1) \leq 1-(x+3)$

(3) $2x-4(x-3) \leq -6$

(4) $\frac{2}{3}x-\frac{3}{2} \leq -\frac{1}{6}+\frac{1}{6}x$

(5) $\frac{2x+1}{3}-\frac{x-1}{4} > 1$

(6) $0.2(x-0.8) \geq x+0.4$

**02** 부등식 $x+a > 2(x-1)$의 해가 $x<3$일 때 상수 $a$의 값을 구하여라.

**03** 두 부등식 $2x-(x-5) < 4x+2$, $4x+k > 3-2(x-1)$의 해가 같을 때 상수 $k$의 값을 구하여라.

**04** $k<1$일 때 부등식 $2k(x+3)-3 < 2x+3$을 풀어라.

**05** $b^2=1$일 때 $(a-3)x > b$의 해가 $x < \frac{1}{4}$인 경우 상수 $a$의 값을 구하여라.

**06** [절댓값] $|A| = \begin{cases} A & (A \geq 0) \\ -A & (A < 0) \end{cases}$이다. 다음 부등식을 풀어라.

(1) $|x-4| \leq 5$

(2) $|x-1| < 2x+4$

**07** $|2x-a| \leq 6$의 해가 $-1 \leq x \leq b$일 때 상수 $a$, $b$의 값을 구하여라.

**08** $3x-2y=1$일 때 $-2 \leq x-y \leq 1$을 만족하는 $x$값의 범위를 구하여라.

**09** $x$에 대한 부등식 $(a+b)x > -2a+3b$ ($a$, $b$는 상수)의 해가 $x > -\frac{1}{3}$일 때 다음 부등식의 해를 구하여라.

$$(a-b)x+2a+3b<0$$

# 5.2 이차부등식

## 1 이차부등식의 풀이

이차부등식 $ax^2+bx+c>0\ (a>0)$, $ax^2+bx+c<0\ (a>0)$의 해

(1) $D=b^2-4ac>0$인 경우 두 실근을 $\alpha,\ \beta\ (\alpha<\beta)$라 하면

① $(x-\alpha)(x-\beta)>0$이면 $x<\alpha,\ x>\beta$

② $(x-\alpha)(x-\beta)<0$이면 $\alpha<x<\beta$

(2) $D=b^2-4ac=0$인 경우 중근을 $\alpha$라 하면

① $ax^2+bx+c>0$이면 $x\neq\alpha$인 모든 실수

② $ax^2+bx+c<0$이면 해가 없다.

(3) $D=b^2-4ac<0$인 경우

① $ax^2+bx+c>0$이면 해는 모든 실수

② $ax^2+bx+c<0$이면 해가 없다.

† 이차항의 계수가 음인 경우$(a<0)$ 양변에 $-1$을 곱하여 이차항의 계수를 양으로 만들어 주면 이후의 풀이 과정은 위와 같다.

**예제 5.2.1** 다음 이차부등식을 풀어라.

(1) $x^2-3x+2>0$　　(2) $x^2-2x-3<0$

(3) $x^2-2x+1>0$　　(4) $x^2+2x+2<0$

**풀이** (1) $x^2-3x+2=(x-1)(x-2)>0$　$\therefore\ x<1$ 또는 $x>2$

(2) $x^2-2x-3=(x+1)(x-3)<0$　$\therefore\ -1<x<3$

(3) $x^2-2x+1=(x-1)^2>0$　$\therefore\ x\neq1$인 모든 실수

(4) $x^2+2x+2=(x+1)^2+1$, 모든 실수 $x$에 대하여 $(x+1)^2+1>0$ 이므로 $x^2+2x+2<0$을 만족하는 실수는 없다.

† $(x-\alpha)(x-\beta)<0$이면 $x$는 작은 값과 큰 값 사이에 있다.

(작은 값 $<x<$ 큰 값)

$(x-\alpha)(x-\beta)>0$이면 $x$는 큰 값보다 커거나 작은 값보다 작다.

($x>$ 큰 값, $x<$ 작은 값)

**예제 5.2.2** $x$에 대한 이차부등식 $x^2+ax+b<0$의 해가 $2<x<3$일 때 상수 $a$, $b$를 구하여라.

**풀이** $x^2+ax+b<0$의 해가 $2<x<3$이므로

$$x^2+ax+b=(x-2)(x-3)=x^2-5x+6$$

$$\therefore\ a=-5,\ b=6$$

**예제 5.2.3** 모든 실수 $x$에 대하여 $x^2+kx+3>0$가 성립하도록 상수 $k$의 범위를 구하여라.

**풀이** $x^2+kx+3=0$가 허근을 가져야 하므로 (즉, $y=x^2+kx+3$의 그래프가 $x$축과 만나지 않아야 한다.)

$$D=k^2-12<0$$

$$(k-2\sqrt{3})(k+2\sqrt{3})<0$$

$$\therefore\ -2\sqrt{3}<k<2\sqrt{3}$$

**예제 5.2.4** $x$에 대한 이차부등식 $x^2-(k+2)x+2k<0$의 해를 구하여라. 단, $k$는 상수이다.

**풀이** 준 식은 $x^2-(k+2)x+2k=(x-2)(x-k)<0$이다.

① $k>2$이면 $2<x<k$

② $k=2$이면 $(x-2)^2\geq 0$이므로 해가 없다.

③ $k<2$이면 $k<x<2$

**예제 5.2.5** 이차부등식 $x^2-2x-5<0$을 만족하는 정수 $x$의 개수를 구하여라.

**풀이** 근의 공식에서 $x^2-2x-5=0$의 해를 구하면

$$\alpha=1-\sqrt{6},\ \beta=1+\sqrt{6}$$

이므로 부등식 $x^2-2x-5<0$을 만족하는 $x$의 범위는

$$1-\sqrt{6}<x<1+\sqrt{6}$$

이다. 여기에서 $2<\sqrt{6}<3$이므로

$$-1.\times\times<x<3.\times\times$$

따라서 부등식을 만족하는 정수는 $-1,\ 0,\ 1,\ 2,\ 3$의 5개다.

**예제 5.2.6** $x$에 대한 이차방정식 $x^2-2kx-k(k-1)=0$이 허근을 갖도록 하는 실수 $k$의 범위를 구하여라.

**풀이** 주어진 이차방정식이 허근을 가지려면 판별식

$$D/4=k^2+k(k-1)<0$$
$$2k^2-k<0$$
$$k(2k-1)<0$$
$$\therefore\ 0<k<\frac{1}{2}$$

**예제 5.2.7** $x$에 대한 이차부등식 $f(x)<0$의 해가 $2<x<5$일 때, 다음 부등식을 만족하는 $x$의 범위를 구하여라.

$$f(2x-1)<0$$

**풀이** 이차부등식 $f(x)<0$의 해가 $2<x<5$이므로

$$f(x)=a(x-2)(x-5),\quad a>0$$

이고,

$$\begin{aligned}f(2x-1)&=a(2x-1-2)(2x-1-5)\\&=2a(2x-3)(x-3)\end{aligned}$$

이다. 따라서 $f(2x-1)<0$을 만족하는 $x$의 범위는 다음과 같다.

$$2a(2x-3)(x-3)<0$$
$$\therefore\ \frac{3}{2}<x<3$$

**예제 5.2.8** 이차부등식 $ax^2+bx+3<0$의 해가 $\frac{1}{2}<x<3$일 때, 상수 $a$, $b$의 값을 구하여라.

**풀이** 부등식 $ax^2+bx+3<0$의 해가 $\frac{1}{2}<x<3$이므로 $a>0$이고,

$$\begin{aligned}ax^2+bx+3&=a\left(x-\frac{1}{2}\right)(x-3)\\&=ax^2-\frac{7}{2}ax+\frac{3}{2}a\end{aligned}$$

이다. 여기에서 양변의 계수를 비교하면

$$b=-\frac{7}{2}a,\ 3=\frac{3}{2}a$$

이므로 $a=2,\ b=-7$이다.

**예제 5.2.9** 중력가속도가 $g[\mathrm{m/s^2}]$일 때 지면에서 $v_0[\mathrm{m/s}]$의 속력으로 똑바로 위로 쏘아 올린 물체의 $t$ 초[s] 후의 높이 $h=v_0t-\frac{1}{2}gt^2[\mathrm{m}]$이다. 물체의 발사 속도 $v_0=50$ $[\mathrm{m/s}]$, 중력가속도 $g=10[\mathrm{m/s^2}]$일 때 물체가 지면으로부터 80m 이상의 높이에 존재하는 시간($t$)을 구하여라.

**풀이** 속도 $v_0=50[\mathrm{m/s}]$, 중력가속도 $g=10[\mathrm{m/s^2}]$일 때 높이($h$)는

$$h=50t-5t^2\geq 80$$

이므로 이 부등식을 풀면 시간($t$)을 구할 수 있다.

$$5(t^2-10t+16)\leq 0$$
$$5(t-2)(t-8)\leq 0$$
$$\therefore\ 2\leq t\leq 8$$

따라서 $h\geq 80[\mathrm{m}]$가 되는 시간은 $2\leq t\leq 8$이므로 $8-2=6$[초] 동안 80m 이상의 높이에 물체가 존재한다.

**예제 5.2.10** 둘레의 길이가 22cm인 직사각형의 넓이가 $24\mathrm{cm}^2$ 이상이 되도록 가로와 세로의 길이를 정한다. 가로 길이는 세로 길이보다 길거나 같을 때 가로 길이의 최댓값과 최솟값을 구하여라.

**풀이** 가로와 세로의 길이를 각각 $x[\mathrm{cm}]$, $y[\mathrm{cm}]$이라 하면 둘레의 길이에서

$$2(x+y)=22$$
$$\therefore\ y=11-x$$

이고, 가로($x$) 길이가 세로($y$) 길이보다 길거나 같으므로

$$x\geq 11-x$$
$$\therefore\ x\geq\frac{11}{2}=5.5\qquad\cdots①$$

이다. 그리고 직사각형의 넓이에서

$$x(11-x) \geq 24$$
$$(x-3)(x-8) \leq 0$$
$$\therefore\ 3 \leq x \leq 8 \qquad \cdots ②$$

이다. ①, ②를 동시에 만족하는 $x$의 범위는 $5.5 \leq x \leq 8$이므로 가로($x$) 길이의 최댓값과 최솟값은 각각 8[cm], 5.5[cm]이다.

# 연습문제 5.2

**01** 다음 이차부등식을 풀어라.

(1) $x^2 - 4 > 0$

(2) $x^2 - 6x + 8 \le 0$

(3) $x^2 + 4x + 4 \le 0$

(4) $x^2 + 2x + 1 < 0$

**02** 이차부등식 $-x^2 + x + 6 > 0$의 해가 $\alpha < x < \beta$일 때 $\alpha$, $\beta$의 값을 구하여라.

**03** 이차부등식 $x^2 + ax + b < 0$의 해가 $1 - \sqrt{2} < x < 1 + \sqrt{2}$일 때 상수 $a$, $b$의 값을 구하여라.

**04** $x$에 대한 이차부등식 $-x^2 + (k+3)x - 3k < 0$의 해를 구하여라. $k$는 임의의 상수이다.

**05** 모든 실수 $x$에 대하여 $(k+2)x^2 + 2x + k \le 0$이 성립하도록 상수 $k$값의 범위를 구하여라.

**06** 이차부등식 $x^2 + 2x - 4 < 0$을 만족하는 정수 $x$를 구하여라.

**07** $x$에 대한 이차방정식 $x^2 + 2kx - k(k-3) = 0$이 실근을 갖도록 하는 실수 $k$의 범위를 구하여라.

**08** 중력가속도가 $10\text{m/s}^2$일 때 지면에서 $70\text{m/s}$의 속도로 연직 위 방향으로 쏘아 올린 물체의 $t$초 후의 높이($h$)는 다음과 같다.

$$h = 70t - 5t^2 \ [\text{m}]$$

이 물체의 높이가 $120\text{m}$ 이상 되는 시간은 몇 초 동안인가?

# 5.3 절대부등식

## 1 산술평균, 기하평균, 조화평균의 대소 관계

임의의 양수 $a$, $b$에 대하여 다음 관계식이 성립한다.

$$\frac{a+b}{2} \geq \sqrt{ab} \geq \frac{2ab}{a+b}$$

(단, 등호는 $a=b$일 때 성립한다.)

**증명**

$$\frac{a+b}{2} - \sqrt{ab} = \frac{a+b-2\sqrt{ab}}{2} = \frac{(\sqrt{a}\,)^2+(\sqrt{b}\,)^2-2\sqrt{a}\,\sqrt{b}}{2}$$

$$= \frac{(\sqrt{a}-\sqrt{b}\,)^2}{2} \geq 0$$

$$\therefore \frac{a+b}{2} \geq \sqrt{ab} \qquad \cdots ①$$

$$\sqrt{ab} - \frac{2ab}{a+b} = \frac{\sqrt{ab}\,(a+b)-2ab}{a+b} = \frac{\sqrt{ab}\,(a+b-2\sqrt{ab}\,)}{a+b}$$

$$= \frac{\sqrt{ab}\,(\sqrt{a}-\sqrt{b}\,)^2}{a+b} \geq 0$$

$$\therefore \sqrt{ab} \geq \frac{2ab}{a+b} \qquad \cdots ②$$

①, ②로부터 $\frac{a+b}{2} \geq \sqrt{ab} \geq \frac{2ab}{a+b}$ (단, 등호는 $a=b$일 때 성립한다.)

**설명** $x^2+1>0$, $(x+1)^2+1>0$ 등과 같이 모든 실수 $x$에 대하여 성립하는 부등식을 절대 부등식이라 한다.

임의의 양수 $a$, $b$에 대하여 $\frac{a+b}{2}$를 두 수의 산술평균, $\sqrt{ab}$를 기하평균, $\frac{2ab}{a+b}$를 조화평균이라 한다.

## 2 코시-슈바르츠(Cauchy-Schwartz) 부등식

모든 실수 $a$, $b$, $x$, $y$에 대하여 다음 관계식이 성립한다.

(1) $(a^2+b^2)(x^2+y^2) \geq (ax+by)^2$

(단, 등호는 $\dfrac{x}{a}=\dfrac{y}{b}$일 때 성립)

(2) $(a^2+b^2+c^2)(x^2+y^2+z^2) \geq (ax+by+cz)^2$

(단, 등호는 $\dfrac{x}{a}=\dfrac{y}{b}=\dfrac{z}{c}$일 때 성립한다.)

**증명** $(a^2+b^2)(x^2+y^2)-(ax+by)^2$

$$= a^2x^2+a^2y^2+b^2x^2+b^2y^2-(a^2x^2+2abxy+b^2y^2)$$

$$= a^2y^2+b^2x^2-2(ay)(bx) = (ay-bx)^2 \geq 0$$

$\therefore\ (a^2+b^2)(x^2+y^2) \geq (ax+by)^2$ (단, 등호는 $ay=bx$일 때 성립)

**예제 5.3.1** $a>0$, $b>0$일 때 $\dfrac{9b}{a}+\dfrac{a}{b}$의 최솟값을 구하여라.

**풀이** 산술평균과 기하평균의 관계에서

$$\frac{9b}{a}+\frac{a}{b} \geq 2\sqrt{\left(\frac{9b}{a}\right)\times\left(\frac{a}{b}\right)} = 2\sqrt{9} = 6$$

$\therefore\ \dfrac{9b}{a}=\dfrac{a}{b}$일 때 $\dfrac{9b}{a}+\dfrac{a}{b}$는 최솟값 6을 갖는다.

**예제 5.3.2** $x>1$일 때 $2x+\dfrac{8}{x-1}$의 최솟값을 구하여라.

**풀이** $x>1$에서 $x-1>0$이므로 산술평균과 기하평균의 관계를 이용한다.

$$2x+\frac{8}{x-1} = 2(x-1)+\frac{8}{x-1}+2$$

$$\geq 2\sqrt{2(x-1)\times\left(\frac{8}{x-1}\right)}+2 = 10$$

$\therefore\ 2x+\dfrac{8}{x-1}$의 최솟값은 10이다.

단, 등호는 $2(x-1)=\frac{8}{x-1}$, 즉 $x=3$일 때 성립한다.

**예제 5.3.3** 실수 $x$, $y$에 대하여 $x^2+y^2=2$일 때 $3x+y$의 최댓값과 최솟값을 구하여라.

**풀이** 코시-슈바르츠 부등식에서

$$(3^2+1^2)(x^2+y^2) \geq (3x+y)^2$$

이다. 여기에서 $x^2+y^2=2$이므로

$$(3^2+1^2)\times 2 \geq (3x+y)^2$$

$$\therefore (3x+y)^2 \leq 20$$

$$\therefore \ -2\sqrt{5} \leq 3x+y \leq 2\sqrt{5}$$

따라서 $3x+y$의 최댓값은 $2\sqrt{5}$, 최솟값은 $-2\sqrt{5}$이다.

# 연습문제 5.3

**01** $4^x + \dfrac{1}{4^x}$의 최솟값을 구하여라.

**02** $x > 0$, $y > 0$, $xy = 1$일 때 $2x + 3y$의 최솟값을 구하여라.

**03** $a \geq b > 0$인 실수 $a$, $b$에 대하여 $\dfrac{3a}{2+3a}$와 $\dfrac{3b}{2+3b}$의 크기를 비교하여라.

**04** $a > 0$, $b > 0$일 때 다음 식의 최솟값을 구하여라.

(1) $a + \dfrac{1}{a}$　　　　(2) $4a + \dfrac{9}{a}$

**05** $a > 2$일 때 $a + \dfrac{1}{a-2}$의 최솟값을 구하여라.

**06** $0$이 아닌 두 실수 $x$, $y$가 $x^2 + y^2 = 10$을 만족할 때 $xy$의 최댓값과 최솟값을 구하여라.

**07** $x > 0$, $y > 0$일 때 $\left(x + \dfrac{1}{y}\right)\left(y + \dfrac{9}{x}\right)$의 최솟값을 구하여라.

**08** $x > 0$에 대하여 $\dfrac{x^2 + 3x + 4}{x}$의 최솟값을 구하여라.

**09** $x > 0$, $y > 0$이고, $2x + 3y = 4$일 때 $\sqrt{2x} + \sqrt{3y}$의 최댓값을 구하여라.

† $(\sqrt{2x} + \sqrt{3y})^2 = 2x + 3y + 2\sqrt{6xy}$, $2x + 3y \geq 2\sqrt{2x \cdot 3y} = 2\sqrt{6xy}$

# 제6장 일차함수와 이차함수

6.1 일차함수

6.2 이차함수

# 6.1 일차함수

## 1 일차함수와 이차함수

일차함수와 이차함수의 일반식은 각각

$$y = ax + b, \quad y = ax^2 + bx + c \ (a \neq 0)$$

로 쓸 수 있다. $f(x) = c$ ($c$는 상수)인 상수함수는 $n = 0$인 0차의 다항함수로 볼 수 있다.

## 2 일차함수 $y = ax + b$의 그래프의 성질

① 기울기가 $a$, $y$절편이 $b$인 직선

② $a > 0$이면 $x$값이 증가함에 따라 $y$값도 증가하는 함수

③ $a < 0$이면 $x$값이 증가함에 따라 $y$값은 감소하는 함수

④ $a = 0$이면 $y = b$인 상수함수이고 $x$축에 평행한 직선

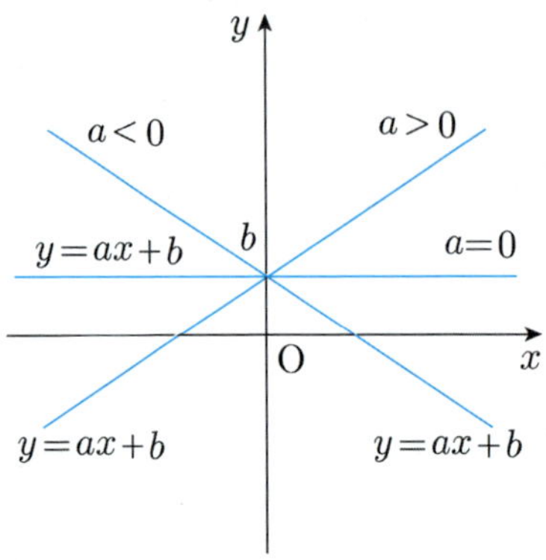


[그림 6.1.1]

## 3 직선의 방정식

(1) 기울기가 $a$이고 $y$절편이 $b$인 직선: $y = ax + b$

(2) $x$절편이 $a$이고 $y$절편이 $b$인 직선: $\dfrac{x}{a} + \dfrac{y}{b} = 1 \ (ab \neq 0)$

(3) 기울기가 $a$이고 점 $(x_1, y_1)$을 지나는 직선: $y = a(x - x_1) + y_1$

(4) 두 점 $(x_1, y_1)$, $(x_2, y_2)$을 지나는 직선

① $x_1 \neq x_2$일 때 $y = \dfrac{y_2 - y_1}{x_2 - x_1}(x - x_1) + y_1$

② $x_1 = x_2$일 때 $x = x_1$ (또는 $x = x_2$)

**설명** 직선의 일반 방정식은 $y = ax + b$이고 직선 위의 두 점을 잇는 선분의 기울기가 일정하다는 것을 알면 직선의 방정식을 모두 구할 수 있다. 두 점 $(x_1, y_1)$, $(x_2, y_2)$을 지나는 직선인 경우, 직선 위의 임의의 점을 $(x, y)$라고 하면 두 점 $(x_1, y_1)$, $(x_2, y_2)$을 잇는 선분의 기울기는

$$\frac{y_2 - y_1}{x_2 - x_1} \quad (x_1 \neq x_2)$$

이고 두 점 $(x_1, y_1)$, $(x, y)$를 잇는 선분의 기울기는

$$\frac{y - y_1}{x - x_1}$$

이므로

$$\frac{y - y_1}{x - x_1} = \frac{y_2 - y_1}{x_2 - x_1}$$

이다. 이 식으로부터 직선의 방정식

$$y = \frac{y_2 - y_1}{x_2 - x_1}(x - x_1) + y_1$$

이 구해진다.

**예** (1) 기울기가 2이고 $y$절편이 1인 직선: $y = 2x + 1$

(2) $x$절편이 $-2$이고 $y$절편이 2인 직선: $\dfrac{x}{-2} + \dfrac{y}{2} = 1$에서 $y = x + 2$

(3) 기울기가 2이고 점 $(1, 2)$를 지나는 직선: $y = 2(x - 1) + 2 = 2x$

(4) 두 점 $(1, 2)$, $(3, 4)$를 지나는 직선

$$y = \frac{y_2 - y_1}{x_2 - x_1}(x - x_1) + y_1 = \frac{4 - 2}{3 - 1}(x - 1) + 2 = x + 1$$

**예제 6.1.1** 다음 직선의 방정식을 구하고 두 직선과 $x$축이 이루는 삼각형의 면적을 구하여라.

(1) $x$절편이 $-1$, $y$절편이 2인 직선

(2) 기울기가 $-1$이고 점 $(1,\ 1)$을 지나는 직선

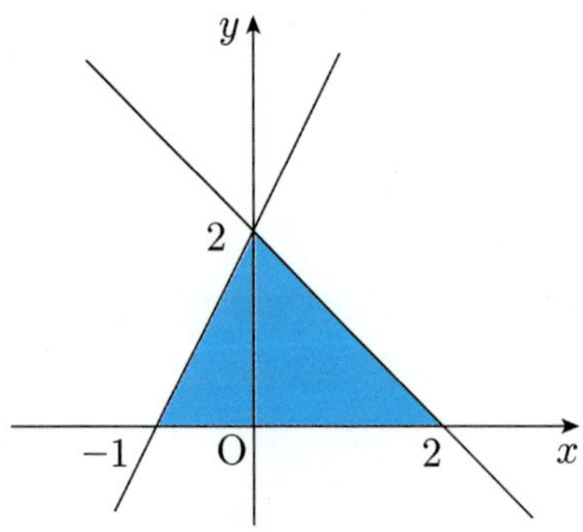


[그림 6.1.2]

**풀이** (1) $\dfrac{x}{a}+\dfrac{y}{b}=1$로부터 직선의 방정식은

$$\frac{x}{-1}+\frac{y}{2}=1$$
$$y=2x+2$$

이다.

(2) $y=a(x-x_1)+y_1$로부터 직선의 방정식은

$$y=(-1)\times(x-1)+1=-x+2$$

이다.

○ 그래프에서 삼각형의 면적($S$)은 다음과 같다.

$$S=\frac{1}{2}ah=\frac{1}{2}\{2-(-1)\}\times 2=3$$

## 4 두 직선의 위치 관계

두 직선 $y=ax+b$와 $y=a'x+b'$이

(1) 평행할 때: 두 직선의 기울기가 같고 $y$절편이 다르다

$$a=a',\ \ b\neq b'$$

($b=b'$이면 두 직선이 일치한다.)

(2) 수직일 때: 두 직선의 기울기 곱이 $-1$이다.

$$aa'=-1$$

**예제 6.1.2** 두 직선 $y=-2x+3$와 $y=(2k+1)x-4$에 대하여 다음을 구하여라.

(1) 두 직선이 평행할 때 상수 $k$의 값

(2) 두 직선이 수직일 때 상수 $k$의 값

**풀이** (1) $y$절편 $3\neq-4$이므로 기울기가 같으면 된다.

$$-2=(2k+1)$$
$$2k=-3$$
$$\therefore\ k=-\frac{3}{2}$$

(2) 두 직선의 기울기 곱이 $-1$이면 두 직선이 수직이 된다.

$$(-2)\times(2k+1)=-1$$
$$2k=\frac{-1}{-2}-1=-\frac{1}{2}$$
$$\therefore\ k=-\frac{1}{4}$$

## 5 그래프의 평행이동

$y=ax+b$의 그래프를 $x$축 방향으로 $m$만큼, $y$축 방향으로 $n$만큼 평행 이동한 그래프의 방정식은 $y-n=a(x-m)+b$이다.

**예제 6.1.3** 일차함수 $y=3x-2$의 그래프를 $x$축 방향으로 $m$만큼 평행 이동하면 점 $(5,1)$를 지난다. $m$의 값을 구하여라.

**풀이** 함수 $y=3x-2$의 그래프를 $x$축 방향으로 $m$만큼 평행 이동한 그래프의 방정식은

$$y=3(x-m)-2$$

이고, 점 $(5,1)$을 지나므로

$$1=3(5-m)-2$$
$$-3m=-12$$
$$\therefore\ m=4$$

이다.

## 연습문제 6.1

**01** 다음 직선의 방정식을 구하고 그래프를 그려라.

(1) 기울기가 $-2$이고 $y$절편이 1인 직선

(2) $x$절편이 2이고 $y$절편이 3인 직선

(3) 기울기가 2이고 점 $(2, 3)$을 지나는 직선

(4) 두 점 $(-2, 1)$, $(3, 6)$을 지나는 직선

**02** 일차함수 $y = ax + 4$의 그래프와 $x$축, $y$축으로 둘러싸인 부분의 넓이가 4일 때 상수 $a$의 값을 구하여라.

**03** 세 점 $(-1, 4)$, $(0, 1)$, $(a, -5)$가 일직선 위에 있을 때 $a$의 값을 구하여라.

**04** 일차함수 $y = 2x + 3$의 그래프를 $y$축 방향으로 $n$만큼 평행 이동하면 점 $(-2, 3)$을 지난다. $n$의 값을 구하여라.

**05** 일차함수 $y = ax + 2$의 그래프는 $y = 3x + 1$의 그래프와 평행하고 점 $(1, b)$를 지난다. 상수 $a$, $b$의 값을 구하여라.

**06** 직선 $2x - 5y + 3 = 0$에 평행하고 점 $(3, -2)$를 지나는 직선의 방정식을 구하여라.

**07** 두 직선 $ax + 3y - 1 = 0$, $x - (a + 4)y + 7 = 0$이 평행할 때 상수 $a$값을 구하여라.

**08** 함수 $y = \dfrac{4}{3}x$의 그래프가 두 점 $(a, 8)$, $(-3, b)$를 지날 때 $a - b$의 값을 구하여라.

**09** $y + 5$가 $2(x - 3)$에 정비례하고 $x = -2$일 때 $y = 15$이다. $x = 2$일 때 $y$값을 구하여라.

**10** 두 직선 $3x - 2y + 3 = 0$, $x - 3y - 3 = 0$의 교점과 원점을 지나는 직선의 방정식을 구하여라.

**11** 직선 $2x - 5y + 4 = 0$과 평행하고 점 $(3, -2)$를 지나는 직선의 방정식을 구하여라.

**12** 직선 $y = \dfrac{1}{3}x + 4$에 수직이고 점 $(-5, -3)$을 지나는 직선의 방정식을 구하여라.

**13** 점 $(1, 2)$를 지나고 직선 $x - 2y - 5 = 0$에 수직인 직선의 방정식이 $ax + y + b = 0$일 때 상수 $a$, $b$의 값을 구하여라.

**14** 두 점 $(-1,\ -5)$, $(3, 3)$을 지나는 직선의 방정식을 $y=ax+b$라 할 때 두 상수의 합 $a+b$의 값을 구하여라.

**15** $xy$ 좌표 평면에서 제3사분면을 지나지 않는 직선 $\frac{x}{a}+\frac{y}{b}=1$과 $x$축, $y$축으로 둘러싸인 부분의 넓이가 $4$일 때 두 상수 $a+b$의 최솟값을 구하여라.

# 6.2 이차함수

## 1 이차함수의 그래프

(1) $y=ax^2$의 그래프

① 꼭짓점: 원점 $(0, 0)$

② 대칭축: $x=0$

③ $a>0$이면 아래로 볼록(∪), $a<0$이면 위로 볼록(∩)

④ $|a|$가 클수록 폭이 좁다.

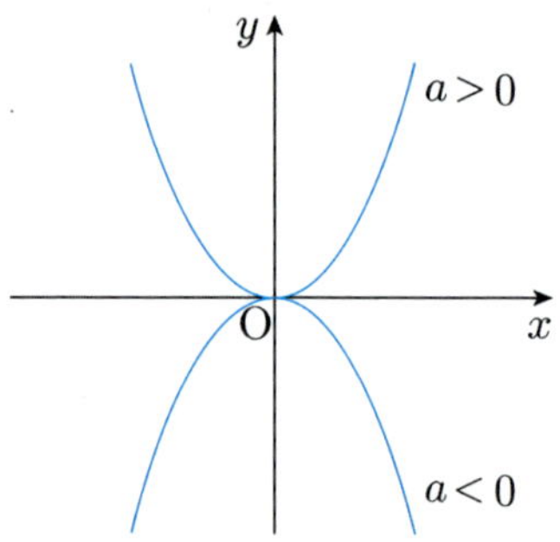


[그림 6.2.1]

(2) $y=a(x-m)^2+n$의 그래프

$y=ax^2$의 그래프를 $x$축의 방향으로 $m$만큼, $y$축의 방향으로 $n$만큼 평행 이동한 그래프

① 꼭짓점: $(m, n)$

② 대칭축: $x=m$

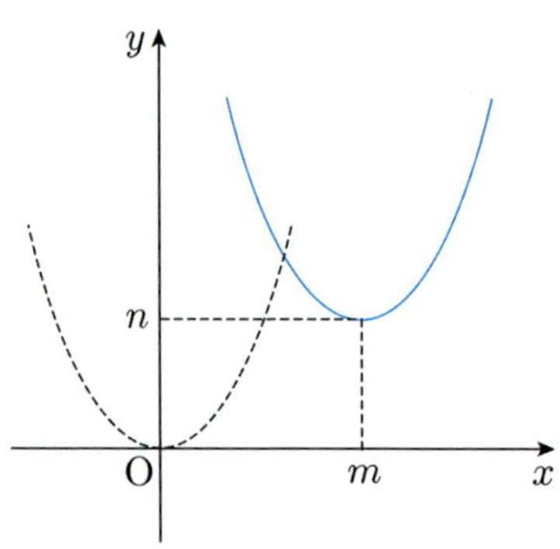


[그림 6.2.2]

(3) $y = ax^2 + bx + c$의 그래프

$$y = ax^2 + bx + c = a\left(x + \frac{b}{2a}\right)^2 + \frac{-b^2 + 4ac}{4a}$$

① 꼭짓점: $\left(-\frac{b}{2a}, \frac{-b^2 + 4ac}{4a}\right)$

② 대칭축: $x = -\frac{b}{2a}$

**예** $y = 2x^2 + 4x + 5$의 꼭짓점, 대칭축

$$\begin{aligned} y = 2x^2 + 4x + 5 &= 2(x^2 + 2x + 1 - 1) + 5 = 2(x+1)^2 - 2 + 5 \\ &= 2(x+1)^2 + 3 \end{aligned}$$

$\therefore$ 꼭짓점 $(-1, 3)$, 대칭축 $x = -1$

**예제 6.2.1** 이차함수 $y = x^2 - 4x + 3$의 꼭짓점, 대칭축, $x$절편, $y$절편을 구하고 그래프를 그러라.

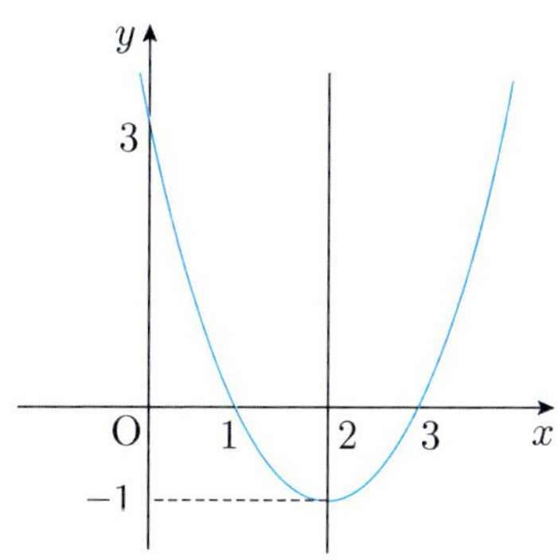


[그림 6.2.3]

**풀이** 주어진 함수는

$$y = x^2 - 4x + 3 = (x-2)^2 - 1$$

이므로 꼭짓점은 $(2, -1)$, 대칭축은 $x = 2$이다. $x$절편은 $y = 0$일 때의 $x$좌표이므로

$$x^2 - 4x + 3 = 0$$
$$(x-1)(x-3) = 0$$
$$\therefore \ x = 1, 3$$

이고, $x = 0$을 주어진 함수에 대입하면 $y$절편은 $y = 3$이다.

## 2 그래프의 평행이동

$y=f(x)$의 그래프를 $x$축 방향으로 $m$만큼, $y$축 방향으로 $n$만큼 평행이동한 그래프의 방정식은 $y-n=f(x-m)$이다.

**예제 6.2.2** 이차함수 $y=x^2+2x+3$의 그래프를 $x$축 방향으로 2, $y$축 방향으로 3만큼 평행이동한 이차함수의 방정식을 구하여라.

**풀이** 주어진 함수에 $x$ 대신 $x-2$, $y$ 대신 $y-3$을 대입하면 다음과 같이 평행 이동한 함수의 방정식이 얻어진다.

$$y-3=(x-2)^2+2(x-2)+3$$

$$\therefore\ y=x^2-2x+6$$

**예제 6.2.3** $0 \le x \le 3$에서 $y=x^2-2x+2$의 최댓값과 최솟값을 구하여라.

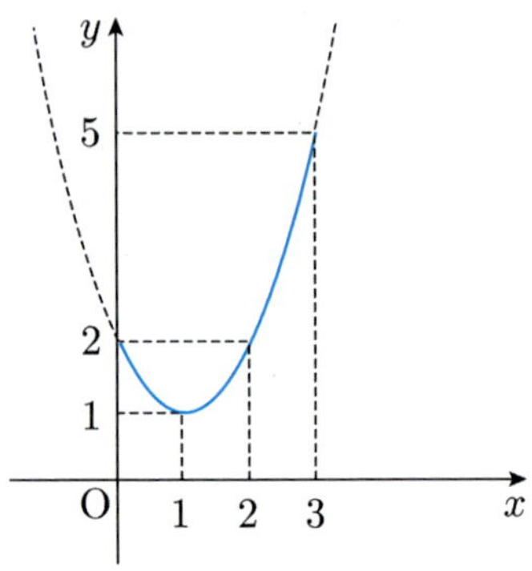


[그림 6.2.4]

**풀이** 주어진 함수는

$$y=x^2-2x+2=(x-1)^2+1$$

이므로 꼭짓점의 좌표는 $(1,1)$이다. 꼭짓점의 $x$좌표가 $0 \le x \le 3$에 포함되므로 최솟값은 1이다. 그리고 구간의 끝 점에서의 값은

$$x=0\text{일 때 } y=2$$
$$x=3\text{일 때 } y=5$$

이므로 최솟값과 최댓값은 다음과 같다.

$$x = 1\text{일 때 최솟값 } y = 1$$
$$x = 3\text{일 때 최댓값 } y = 5$$

**예제 6.2.4** $y = x^2 + kx + 1$의 그래프가 다음 조건을 만족하도록 상수 $k$의 값의 범위를 구하여라.

(1) $x$축과 서로 다른 두 점에서 만난다.

(2) $x$축에 접한다.

(3) $x$축과 만나지 않는다.

**풀이** $x$축은 $y = 0$이므로 그래프가 $x$축과 만나는 점의 $x$좌표는 $x^2 + kx + 1 = 0$의 근이 된다.

(1) $D = k^2 - 4 = (k-2)(k+2) > 0$에서 $k < -2$ 또는 $k > 2$

(2) $D = 0$에서 $k = -2,\ 2$

(3) $D < 0$에서 $-2 < k < 2$

**예제 6.2.5** 포물선 $y = x^2 + 2x + 1$과 직선 $y = -x + k$가 서로 다른 두 점에서 만날 때 상수 $k$의 값의 범위를 구하여라.

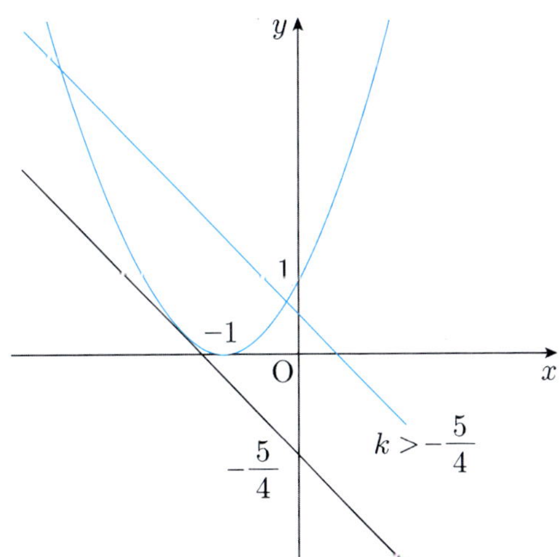


[그림 6.2.5]

**풀이** 교점의 $x$좌표는 두 식을 연립하여 풀면

$$x^2 + 2x + 1 = -x + k$$

$$\therefore\ x^2 + 3x + 1 - k = 0 \qquad \cdots ①$$

의 근이다. 서로 다른 두 점에서 만나기 위해서는 식 ①이 두 개의 서로 다른 실근을 가져야 한다. 따라서 판별식을 이용하면 다음과 같이 상수 $k$의 범위가 구해진다.

$$D = 9 - 4(1-k) > 0$$

$$\therefore \quad k > -\frac{5}{4}$$

# 연습문제 6.2

**01** 다음 이차함수의 꼭짓점과 대칭축을 구하고 그래프를 그려라. ($x$축, $y$축과 만나는 그래프는 교점의 좌표를 표시할 것.)

(1) $y=x^2-4$ (2) $y=-x^2+9$

(3) $y=x^2-3x+3$ (4) $y=-x^2+4x-5$

**02** $y=ax^2$의 그래프가 점 $(-2,16)$과 점 $(3,b)$를 지날 때 $a$, $b$의 값을 구하여라.

**03** 이차함수 $y=-2x^2$의 그래프와 $x$축에 대하여 대칭인 그래프가 점 $(-3,k)$를 지날 때 $k$의 값을 구하여라.

**04** 다음 이차함수의 최댓값과 최솟값을 구하여라.

(1) $y=-x^2+2x+3$ $(0 \le x \le 3)$

(2) $y=x^2+2x+2$ $(-3 \le x \le 0)$

**05** 이차함수 $y=x^2+bx+c$의 그래프를 $x$축 방향으로 1, $y$축 방향으로 2만큼 평행 이동한 식이 $y=x^2+4x+2$일 때 상수 $b$, $c$의 값을 구하여라.

**06** 포물선 $y=-x^2+2x+2$와 직선 $y=kx+3$이 서로 나른 두 점에서 만닐 때 $k$의 값의 범위를 구하여라.

**07** 포물선 $y=x^2+2x$와 직선 $y=kx-2$이 만나지 않도록 $k$의 값의 범위를 구하여라.

**08** $y=ax^2$의 그래프를 $x$축 방향으로 $m$, $y$축 방향으로 $n$만큼 평행 이동한 그래프의 방정식이 $y=-2(x-3)^2+4$일 때 $a+m+n$의 값을 구하여라.

**09** 지면에서 $v=40\mathrm{m/s}$의 속도로 연직 위로 쏘아올린 물체의 $t$초 후의 높이$(h)$는 $h=-5t^2+40t(\mathrm{m})$이다. 이 물체가 올라갈 수 있는 최고 높이를 구하여라.

# 제7장 지수함수와 로그함수

# 7.1 지수함수

## 1 거듭제곱

어떤 수 $a$를 $n$번 거듭 곱한 것을 $a$의 $n$제곱이라 하고 $a^n$으로 나타낸다. $a^n$에서 $a$를 밑, $n$을 지수라 한다. $a$, $a^2$, $a^3$, $\cdots$ 등은 모두 $a$의 거듭제곱이다.

## 2 거듭제곱근

$n$이 2 이상의 자연수일 때 실수 $a$에 대하여 어떤 수를 $n$ 제곱하여 $a$가 되는 수를 $a$의 $n$ 제곱근이라 한다. 즉, $x^n = a$이면 $x$는 $a$의 $n$제곱근이다.

(1) $n$이 짝수이면 $x^n = a\ (a > 0)$가 되는 실수는 양수와 음수의 두 개가 있고, $\sqrt[n]{a}$, $-\sqrt[n]{a}$로 쓴다.

(2) $n$이 홀수이면 $x^n = a$가 되는 실수는 하나이고 $\sqrt[n]{a}$로 쓴다.

(3) $x^n = 0$가 되는 $x$는 0 하나뿐이다: $x = \sqrt[n]{0} = 0$

† $x^n = a(a \neq 0)$를 만족하는 $x$는 복소수의 범위에서는 $n$개 존재한다.

**예** (1) $x^2 = 4$를 만족하는 $x = 2$, $-2$의 두 개이다.

(2) $x^3 = 27$이 되는 실수 $x = 3$ 하나뿐이다.

복소수의 범위에서 생각하면 $x = 3$, $\frac{3}{2}(-1 \pm \sqrt{3}i)$의 세 개이다.

(3) $x^4 = 1$이 되는 실수 $x = 1$, $-1$의 두 개이고,
복소수의 범위에는 $x = \pm 1$, $\pm\, i$의 네 개다.

## 3 거듭제곱근의 성질

$a$가 실수이고 $n$이 2 이상의 정수일 때

(1) $(\sqrt[n]{a})^n = a$　　　(2) $\sqrt[n]{a^n} = \begin{cases} a & (n\text{이 홀수}) \\ |a| & (n\text{이 짝수}) \end{cases}$

$a > 0$, $b > 0$이고 $m$, $n$이 2 이상의 정수일 때

(3) $\sqrt[n]{a}\sqrt[n]{b} = \sqrt[n]{ab}$ (4) $\dfrac{\sqrt[n]{a}}{\sqrt[n]{b}} = \sqrt[n]{\dfrac{a}{b}}$

(5) $(\sqrt[n]{a})^m = \sqrt[n]{a^m}$ (6) $\sqrt[m]{\sqrt[n]{a}} = \sqrt[mn]{a} = \sqrt[n]{\sqrt[m]{a}}$

(7) $\sqrt[np]{a^{mp}} = \sqrt[n]{a^m}$ (단, $p$는 양의 정수)

**예** (1) $(\sqrt[n]{2})^n = 2$

(2) $n$이 홀수일 때: $\sqrt[3]{2^3} = 2$, $\sqrt[3]{(-2)^3} = -2$

$n$이 짝수일 때: $\sqrt[2]{2^2} - 2$, $\sqrt[2]{(\ \ 2)^2} = 2$

(3) $\sqrt[3]{2}\sqrt[3]{4} = \sqrt[3]{8} = \sqrt[3]{2^3} = 2$

(4) $\dfrac{\sqrt[3]{54}}{\sqrt[3]{2}} = \sqrt[3]{\dfrac{54}{2}} = \sqrt[3]{27} = \sqrt[3]{3^3} = 3$

(5) $(\sqrt[3]{2})^6 = \sqrt[3]{2^6} = \sqrt[3]{4^3} = 4$

(6) $\sqrt[3]{\sqrt{64}} = \sqrt[6]{2^6} = 2$

(7) $\sqrt[12]{2^{15}} = \sqrt[4\times 3]{2^{5\times 3}} = \sqrt[4]{2^5}$

## 4 분수(유리수) 지수의 정의

$a > 0$, $m$이 정수이고 $n$이 2 이상의 정수일 때

$$a^{\frac{m}{n}} = \sqrt[n]{a^m},\quad a^{\frac{1}{n}} = \sqrt[n]{a}$$

**예** $2^{\frac{5}{3}} = \sqrt[3]{2^5}$, $2^{\frac{1}{3}} = \sqrt[3]{2}$

## 5 지수법칙

지수 $n$이 자연수뿐만 아니라 정수, 유리수, 실수까지 확장하여 다음의 지수법칙이 성립한다.

$a > 0$, $b > 0$이고 $x, y$가 실수일 때

(1) $a^x a^y = a^{x+y}$ (2) $a^x \div a^y = a^{x-y}$

(3) $(a^x)^y = a^{xy}$ (4) $(ab)^x = a^x b^x$

$$a \neq 0\text{일 때, } a^0 = 1,\ a^{-x} = \frac{1}{a^x}$$

**예** (1) $(\sqrt{2})^{\frac{1}{3}} \times (\sqrt{2})^{\frac{2}{3}} = (\sqrt{2})^{\frac{1}{3}+\frac{2}{3}} = \sqrt{2}$

(2) $(\sqrt{3})^{\frac{5}{2}} \div (\sqrt{3})^{\frac{1}{2}} = (\sqrt{3})^{\frac{5}{2}-\frac{1}{2}} = (\sqrt{3})^2 = 3$

(3) $\left\{(\sqrt[3]{2})^{\frac{1}{2}}\right\}^6 = (\sqrt[3]{2})^3 = 2$

(4) $(\sqrt{5} \times \sqrt[3]{2})^2 = (\sqrt{5})^2 \times (\sqrt[3]{2})^2 = 5\sqrt[3]{4}$

(5) 밑이 음수($a < 0,\ b < 0$)이고 지수가 실수일 때는 밑이 양수($a > 0,\ b > 0$) 일 때의 지수법칙을 적용하지 않는다.

$\{(-3)^2\}^{\frac{1}{2}} = 9^{\frac{1}{2}} = 3$(이다.)

$\{(-3)^2\}^{\frac{1}{2}} = (-3)^{2\times\frac{1}{2}} = (-3)^1 = -3$(이 아니다.)

$\{(-2)\times(-3)\}^{\frac{1}{2}} = (6)^{\frac{1}{2}} = \sqrt{6}$(이다.)

$\{(-2)\times(-3)\}^{\frac{1}{2}} = (-2)^{\frac{1}{2}} \times (-3)^{\frac{1}{2}} = \sqrt{-2} \times \sqrt{-3}$

$= \sqrt{2}i \times \sqrt{3}i = -\sqrt{6}$(이 아니다.)

## 6 지수함수

(1) 지수함수: $a \neq 1,\ a > 0$일 때 정의역이 실수의 집합이며 치역이 양의 실수의 집합인 함수 $y = a^x$를 $a$를 밑으로 하는 지수함수라 한다.

(2) 지수함수 $y = a^x (a \neq 1,\ a > 0)$의 성질

① 정의역은 실수 전체의 집합이고 치역은 $\{y \mid y > 0\}$이다.

② 그래프는 점 $(0, 1)$을 지나고 직선 $y = 0$($x$축)을 점근선으로 한다.

③ $0 < a < 1$일 때, $x$의 값이 증가하면 $y$의 값은 감소한다.

$a > 1$일 때, $x$의 값이 증가하면 $y$의 값도 증가한다.

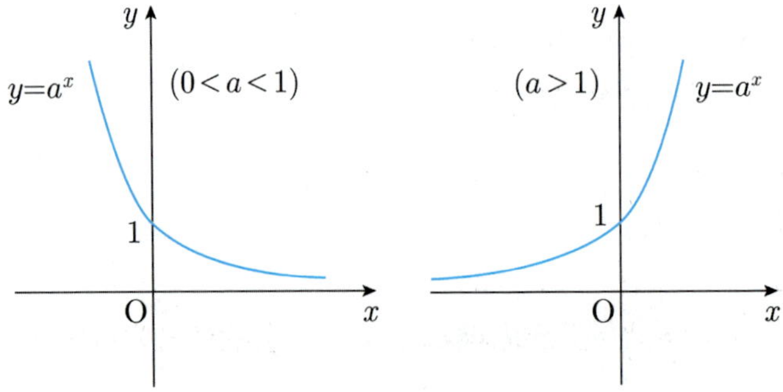


[그림 7.1.1]

(3) $y=a^x$와 $y=a^{-x}=\left(\dfrac{1}{a}\right)^x$의 그래프는 $y$축에 대하여 대칭이다.

(4) 지수함수 $y=a^x$의 그래프를 $x$축 방향으로 $m$만큼, $y$축 방향으로 $n$만큼 평행이동한 방정식은 $y=a^{x-m}+n$.

**설명** $a \neq 1,\ a>0$일 때 임의의 실수 $x$에 대하여 $a^x$의 값은 하나로 정해진다. 따라서 지수 함수 $y=a^x$를 정의할 수 있다.

**예** (1) 지수함수 예: $y=2^x,\ y=3^{-x}$

(2) $y=2^x$와 $y=2^{-x}$의 그래프는 $y$축에 대하여 대칭이다.

(3) $y=2^{x-1}+3$은 $y=2^x$의 그래프를 $x$축 방향으로 1만큼, $y$축 방향으로 3만큼 평행 이동한 그래프이다.

**예제 7.1.1** 다음 식을 간단히 하여라. (단, $a>0$)

(1) $\sqrt[3]{\sqrt[4]{16}} \times \sqrt[4]{\sqrt[3]{16^2}}$

(2) $\dfrac{\sqrt[4]{a}}{\sqrt[3]{a^{-\frac{1}{2}}}} \times \sqrt{a^{-\frac{3}{2}}}$

(3) $\left(a^{\sqrt{2}}\right)^2 \times a^{-3\sqrt{2}} \div \left(a^{-2}\right)^{\sqrt{2}}$

(4) $\sqrt[4]{5+2\sqrt{6}} \times \sqrt{\sqrt{3}-\sqrt{2}}$

**풀이** (1) $\sqrt[3]{\sqrt[4]{16}} \times \sqrt[4]{\sqrt[3]{16^2}} = \left(16^{\frac{1}{4}}\right)^{\frac{1}{3}} \times \left\{\left(16^2\right)^{\frac{1}{3}}\right\}^{\frac{1}{4}} = 16^{\frac{1}{12}+\frac{2}{12}}$

$= \left(2^4\right)^{\frac{1}{4}} = 2$

(2) $\dfrac{\sqrt[4]{a}}{\sqrt[3]{a^{-\frac{1}{2}}}} \times \sqrt{a^{-\frac{3}{2}}} = a^{\frac{1}{4}} \div a^{-\frac{1}{6}} \times a^{-\frac{3}{4}} = a^{\frac{1}{4}+\frac{1}{6}-\frac{3}{4}}$

$= a^{-\frac{1}{3}} = \dfrac{1}{\sqrt[3]{a}}$

(3) $\left(a^{\sqrt{2}}\right)^2 \times a^{-3\sqrt{2}} \div \left(a^{-2}\right)^{\sqrt{2}} = a^{2\sqrt{2}-3\sqrt{2}+2\sqrt{2}} = a^{\sqrt{2}}$

(4) $\sqrt[4]{5+2\sqrt{6}} = \sqrt{\sqrt{5+2\sqrt{6}}} = \sqrt{\sqrt{3}+\sqrt{2}}$

$\therefore\ \sqrt[4]{5+2\sqrt{6}} \times \sqrt{\sqrt{3}-\sqrt{2}} = \sqrt{\sqrt{3}+\sqrt{2}} \times \sqrt{\sqrt{3}-\sqrt{2}}$

$= \sqrt{(\sqrt{3}+\sqrt{2})(\sqrt{3}-\sqrt{2})} = 1$

**예제 7.1.2** $a=\sqrt[3]{2}$, $b=\sqrt[4]{3}$일 때 $\sqrt[6]{12}$를 $a$, $b$로 나타내어라.

**풀이**
$$\sqrt[6]{12}=12^{\frac{1}{6}}=(2^2\times 3)^{\frac{1}{6}}=2^{\frac{1}{3}}\times 3^{\frac{1}{6}}=2^{\frac{1}{3}}\times\left(3^{\frac{1}{4}}\right)^{\frac{2}{3}}$$
$$=ab^{\frac{2}{3}}=a\sqrt[3]{b^2}\quad\left(\because\ a=2^{\frac{1}{3}},\ b=3^{\frac{1}{4}}\ \right)$$

**예제 7.1.3** $a=\sqrt[3]{2}+\dfrac{1}{\sqrt[3]{2}}$일 때 $a^3-3a$의 값을 구하여라.

**풀이**
$$a^3=\left(\sqrt[3]{2}+\frac{1}{\sqrt[3]{2}}\right)^3$$
$$=(\sqrt[3]{2})^3+\left(\frac{1}{\sqrt[3]{2}}\right)^3+3\times\sqrt[3]{2}\times\frac{1}{\sqrt[3]{2}}\left(\sqrt[3]{2}+\frac{1}{\sqrt[3]{2}}\right)$$
$$=2+\frac{1}{2}+3a$$
$$\therefore\ a^3-3a=\frac{5}{2}$$

**예제 7.1.4** $a>0$, $x>0$이고 $a^x+a^{-x}=3$일 때 다음 식의 값을 구하여라.

(1) $\sqrt{a^x}+\sqrt{a^{-x}}$ (2) $a^{2x}+a^{-2x}$ (3) $a^{3x}+a^{-3x}$

**풀이** (1) $\left(\sqrt{a^x}+\sqrt{a^{-x}}\right)^2=a^x+a^{-x}+2=5$

$\sqrt{a^x}+\sqrt{a^{-x}}=\sqrt{5}\ \ (\because \sqrt{a^x}>0)$

(2) $a^{2x}+a^{-2x}=\left(a^x+a^{-x}\right)^2-2=3^2-2=7$

(3) $a^{3x}+a^{-3x}=(a^x+a^{-x})^3-3a^x\times a^{-x}(a^x+a^{-x})$

$=3^3-3\times 3=18$

**예제 7.1.5** 다음 지수방정식의 해를 구하여라.

$$4^x-5\times 2^{x+1}+16=0$$

**풀이** $4^x=\left(2^2\right)^x=\left(2^x\right)^2$, $2^{x+1}=2\times 2^x$이므로 준 식은 다음과 같이 쓸 수 있다.

$$\left(2^x\right)^2-10\times 2^x+16=0$$

여기에서

$$2^x = X \ (X > 0)$$

로 놓으면 위 식은 다음과 같이 $X$에 대한 이차방정식이 된다.

$$X^2 - 10X + 16 = 0$$
$$(X-2)(X-8) = 0$$
$$\therefore \ X = 2, 8$$

따라서 $X = 2^x = 2, 8$이므로 주어진 방정식의 해 $x = 1, 3$이다.

**예제 7.1.6** 밀폐 시스템에서 이상기체의 가역단열 과정(등엔트로피 과정, isentropic process)에서는 기체의 부피 $V$와 압력 $P$ 사이에 '$PV^k =$ 일정'의 관계식이 성립한다. 이상기체의 상태방정식은 $PV = mRT$일 때 다음 물음에 답하라. 단, 기체의 질량 $m$, 기체상수 $R$의 값은 일정하며, 비열비 $k = 1.4$이고 $T$는 절대온도이다.

(1) 초기온도가 절대온도 300(K)일 때 기체의 체적이 2배로 되면 온도는 얼마가 되는가?

(2) 초기온도가 절대온도 300(K)일 때 압력을 2배로 올리면 온도는 얼마가 되는가?

**풀이** (1) 초기상태를 $P_1$, $V_1$, $T_1$, 최종 상태를 $P_2$, $V_2$, $T_2$라 하면

$$PV^k = \text{일정}$$

$$\therefore \ P_1 V_1^k = P_2 V_2^k \qquad \cdots ①$$

이다. 식 ①을 변형하면

$$(P_1 V_1) V_1^{k-1} = (P_2 V_2) V_2^{k-1} \qquad \cdots ②$$

로 쓸 수 있다. 이상기체 상태방정식에서

$$P_1 V_1 = mRT_1, \quad P_2 V_2 = mRT_2 \qquad \cdots ③$$

이므로 식 ③을 식 ②에 대입하면 다음과 같이 최종 상태 온도($T_2$)가 구해진다.

$$(mRT_1) V_1^{k-1} = (mRT_2) V_2^{k-1}$$

$$\therefore \ T_2 = T_1 \left(\frac{V_1}{V_2}\right)^{k-1} = T_1 \left(\frac{V_2}{V_1}\right)^{1-k}$$

$$= 300 \times \left(\frac{2V_1}{V_1}\right)^{1-1.4}$$

$$\approx 227.4 \ (\text{K})$$

(2) $P_1 V_1^k = P_2 V_2^k$에서 양변을 $\frac{1}{k}$ 승 하면

$$P_1^{\frac{1}{k}} V_1 = P_2^{\frac{1}{k}} V_2 \qquad \cdots ④$$

이다. 이상기체 상태 방정식에서

$$V_1 = \frac{mRT_1}{P_1}, \quad V_2 = \frac{mRT_2}{P_2} \qquad \cdots ⑤$$

이므로 식 ⑤를 식 ④에 대입하면 다음과 같이 최종 상태 온도($T_2$)가 구해진다.

$$P_1^{\frac{1}{k}} \times \left(\frac{mRT_1}{P_1}\right) = P_2^{\frac{1}{k}} \times \left(\frac{mRT_2}{P_2}\right)$$

$$P_1^{\frac{1}{k}} \times \frac{T_1}{P_1} = P_2^{\frac{1}{k}} \times \frac{T_2}{P_2}$$

$$P_1^{\frac{1}{k}-1} \times T_1 = P_2^{\frac{1}{k}-1} \times T_2$$

$$\begin{aligned} \therefore \quad T_2 = T_1\left(\frac{P_1}{P_2}\right)^{\frac{1}{k}-1} &= T_1\left(\frac{P_1}{P_2}\right)^{\frac{1-k}{k}} \\ &= T_1\left(\frac{P_2}{P_1}\right)^{\frac{k-1}{k}} \\ &= 300 \times \left(\frac{2P_1}{P_1}\right)^{\frac{1.4-1}{1.4}} \\ &\approx 365.7 \text{ (K)} \end{aligned}$$

**예제 7.1.7** 속이 차 있는 축에서 최대 굽힘모멘트($M$), 허용 굽힘 응력($\sigma_a$), 축 지름($d$)은 다음 관계식을 만족해야 한다.

$$\sigma_a \geq \frac{32M}{\pi d^3}$$

그림 (a)와 같이 길이 $L = 300\text{mm}$ 인 축의 중앙에 $P = 20\text{kN}$ 의 집중하중을 받는 속이 차 있는 축의 최소 지름을 구하여라. 축의 허용 굽힘 응력은 $40\text{N/mm}^2$ 이고, 축의 무게는 무시한다.

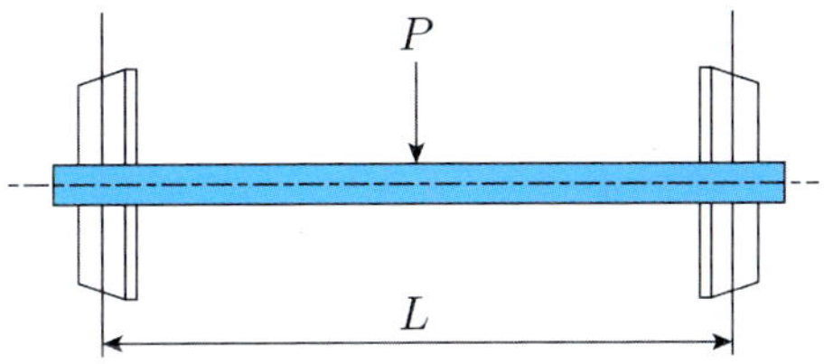


(a)

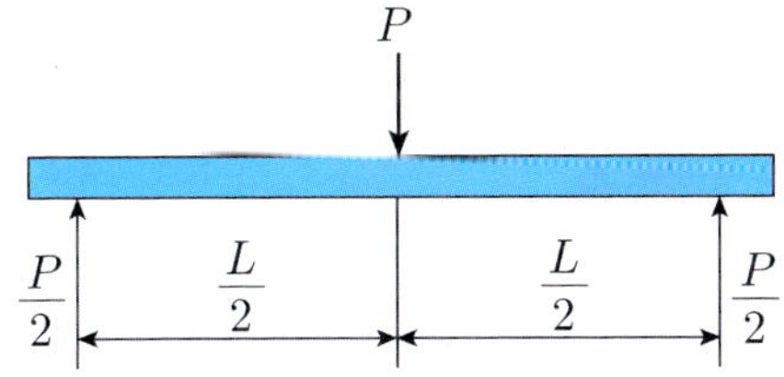


(b)

[그림 7.1.2]

**풀이** 그림(b)의 자유물체도에서 평형 방정식($\sum F=0$, $\sum M=0$)을 적용하여 반력을 구하면 축의 양 끝에 걸리는 반력은 각각 $\frac{P}{2}$이다. 이때 최대 굽힘모멘트 $M$은 축의 중앙에서 발생하며

$$M=\frac{P}{2}\times\frac{L}{2}$$

$$=\frac{2\times10^4}{2}\times\frac{300}{2}$$

$$=1.5\times10^6\,(\text{N}\cdot\text{mm})$$

이 된다. 따라서 굽힘 하중만이 작용하는 속이 차 있는 축이므로 축의 최소지름은 다음과 같이 구해진다.

$$\sigma_a=\frac{32M}{\pi d^3}$$

$$\therefore\ d=\sqrt[3]{\frac{32M}{\pi\sigma_a}}=\sqrt[3]{\frac{32\times(1.5\times10^6)}{\pi\times40}}=72.56\,(\text{mm})$$

이때 축의 표준 지름을 기준으로 하여 축 지름을 선택하면 $d=75\text{mm}$이다.[3)]

3) 고등학교 때는 지수와 로그에 대한 어려운 문제를 많이 다룬다. 그러나 학부과정에서 전공을 공부할 때는 지수법칙과 로그의 정의만 알아도 충분하다.

## 연습문제 7.1

**01** 다음을 간단히 하여라. (단, $a>0$, $b>0$ )

(1) $\dfrac{\sqrt{4}}{2}\times\sqrt[3]{16}\div\sqrt[4]{64}$

(2) $\sqrt[3]{8}\times\sqrt[5]{32}\div(\sqrt{4}\div\sqrt{2})$

(3) $\sqrt{a}\times\sqrt{\sqrt[3]{a}}\times\sqrt{\sqrt[3]{\sqrt[4]{a}}}$

(4) $\sqrt{\dfrac{\sqrt[4]{a}}{\sqrt[3]{a}}}\times\sqrt[3]{\dfrac{\sqrt[4]{a^3}}{\sqrt{a}}}\times\sqrt[3]{a}\times(\sqrt{a})^3$

(5) $\sqrt{2a^2b}\times\sqrt[4]{4a^3b^2}\div\sqrt[6]{8a^3b}$

(6) $\sqrt{\dfrac{5\sqrt{2}}{3}}\times\sqrt{\sqrt{\dfrac{5}{2}}-1}\times\sqrt{\dfrac{1}{\sqrt{5}}+\dfrac{\sqrt{2}}{5}}$

**02** $\sqrt[3]{8\sqrt[4]{64\sqrt[5]{32}}}\times\sqrt[3]{9\sqrt[4]{81\sqrt{27}}}=2^a\times3^b$일 때 $a$, $b$의 값을 구하여라.

**03** 양의 실수 $a$, $b$에 대하여 $\dfrac{a}{b}\sqrt{\dfrac{b}{a}\sqrt[4]{\dfrac{a}{b}}}\div\sqrt{\dfrac{b}{a}}=\left(\dfrac{a}{b}\right)^k$를 만족하는 $k$의 값을 구하여라.

**04** $\sqrt{a}+\sqrt{a^{-1}}=4$일 때 $a\sqrt{a}+\dfrac{1}{a\sqrt{a}}$의 값을 구하여라.

**05** 세 수 $\sqrt{3}$, $\sqrt[3]{5}$, $\sqrt[4]{6}$의 대소를 비교하여라.

**06** $2^x+2^{-x}=3$일 때 $\dfrac{2^{3x}-2^{-3x}}{2^{2x}+2^{-2x}}$의 값을 구하여라.

**07** $a>0$이고 $\dfrac{a^x+a^{-x}}{a^x-a^{-x}}=3$일 때 $a^{2x}$의 값을 구하여라.

# [보충 학습] SI 단위의 접두사

SI 단위(Standard International unit)는 국제표준화기구(국제 도량형 총회)에서 단위를 통일하여 국제적으로 통용되도록 채택한 단위를 말한다. SI 단위에는 7개의 기본 단위 [표 1]과 2개의 보조 단위 [표 2]가 있다.

[표 1] SI 기본 단위

| 기본량(차원) | 기호 | 명칭 | 기본량(차원) | 기호 | 명칭 |
|---|---|---|---|---|---|
| 질량 | kg | 킬로그램 | 물질량 | mol | 몰 |
| 길이 | m | 미터 | 전류 | A | 암페어 |
| 시간 | s | 초 | 광도 | cd | 칸델라 |
| 온도 | K | 켈빈 | | | |

[표 2] SI 보조 단위

| 기본량 | 기호 | 명칭 |
|---|---|---|
| 평면각 | rad | 라디안(radian) |
| 입체각 | sr | 스테라디안(steradian) |

공학에서는 작은 수나 큰 수를 편리하게 나타내기 위해 다음 [표 3]과 같은 SI 단위계의 접두사를 사용한다.

[표 3] SI 단위계의 접두사

| 곱해지는 수 | 명칭 | 기호 | 곱해지는 수 | 명칭 | 기호 |
|---|---|---|---|---|---|
| $10^{12}$ | tera | T | $10^{-3}$ | milli | m |
| $10^{9}$ | giga | G | $10^{-6}$ | micro | $\mu$ |
| $10^{6}$ | mega | M | $10^{-9}$ | nano | n |
| $10^{3}$ | kilo | k | $10^{-12}$ | pico | p |
| $10^{-2}$ | centi | c | | | |

**예** $5\text{mm} = 5\times10^{-3}\text{m}$, $2\text{km} = 2\times10^{3}\text{m}$, $3\text{MPa} = 3\times10^{6}\text{Pa}$

**예제 1** $40\text{g}/\text{cm}^3$은 몇 $\text{kg}/\text{m}^3$인가?

**풀이** $40\dfrac{\text{g}}{\text{cm}^3}=40\dfrac{10^{-3}\text{kg}}{(10^{-2}\text{m})^3}=40\times10^3\dfrac{\text{kg}}{\text{m}^3}$

**예제 2** 700m/s인 비행기의 속력은 몇 km/hr인가?

**풀이** $700\dfrac{\text{m}}{\text{s}}=700\times\dfrac{10^{-3}\text{km}}{(1/3600)\text{hr}}=2520\dfrac{\text{km}}{\text{hr}}$

**예제 3** 안지름 $D=20\,\text{cm}$, 동점성계수 $\nu=1.5\times10^{-6}\,\text{m}^2/\text{s}$, 평균유속 $V=30\,\text{m/s}$일 때 레이놀즈수 $Re=\dfrac{VD}{\nu}$를 구하여라.

**풀이** SI 단위로 통일해 계산한다. 안지름 $D=20\text{cm}=0.2\text{m}$이므로

$$Re=\frac{VD}{\nu}=\frac{30\times0.2}{1.5\times10^{-6}}=4\times10^6$$

레이놀즈수($Re$)는 무차원수(dimensionless number)이다.

**예제 4** 수소 원자의 지름은 0.1nm이다. 몇 개의 수소 원자가 나란히 줄서면 길이 10cm의 직선이 되는가?

**풀이** $N=\dfrac{l}{d}=\dfrac{10\text{cm}}{0.1\text{nm}}=\dfrac{10\times10^{-2}\text{m}}{0.1\times10^{-9}\text{m}}=10^{1-2-(-10)}=10^9$[개]

**예제 5** $\dfrac{45}{10{,}000{,}000}$ m를 SI 접두사를 이용하여 간단하게 나타내어라.

**풀이** $\dfrac{45}{10{,}000{,}000}\text{m}=\dfrac{45}{10^7}\text{m}=4.5\times10^{-6}\text{m}=4.5\mu\text{m}$

**예제 6** 코일 스프링의 처짐량($\delta$)은 다음 식으로 결정된다. 스프링 전체의 평균지름 $D=32\,\text{mm}$, 축방향 하중 $P=100\text{N}$, 처짐량 $\delta=2\,\text{mm}$, 전단 탄성계수 $G=80\,\text{GPa}$, 스프링의 유효 감김수 $N_a=25$일 때 소선의 지름 $d$[mm]를 구하여라.

$$\delta=\frac{8N_aD^3P}{Gd^4}$$

**풀이** 주어진 식에서 지름($d$)을 구하면 $d^4 = \dfrac{8N_a D^3 P}{G\delta}$ 이다. 여기에서 단위를 N, mm로 환산하여 계산한다.

$$d^4 = \frac{8N_a D^3 P}{G\delta} = \frac{8(25)\left[(2^5)^3\right](100)}{(80\times 10^3)(2)}\ [\mathrm{mm}^4]$$

$$= \frac{25\times 2^{15}}{100\times 2}\ [\mathrm{mm}^4]$$

$$= \frac{2^{14}}{4} = 2^{12} = (2^3)^4\ [\mathrm{mm}^4]$$

$$\therefore\ d = 2^3 = 8\,[\mathrm{mm}]$$

이상에서 $32 = 2^5$, $1\,\mathrm{GPa} = 10^3\,\mathrm{MPa} = 10^3 \dfrac{\mathrm{N}}{\mathrm{mm}^2}$ 이다.

† $1\mathrm{MPa} = 10^6\mathrm{Pa} = 10^6 \dfrac{\mathrm{N}}{\mathrm{m}^2} = 10^6 \dfrac{\mathrm{N}}{(10^3\mathrm{mm})^2} = 1\dfrac{\mathrm{N}}{\mathrm{mm}^2}$ 이다. 특히 재료역학(고체역학)과 기계설계에서는 응력의 단위로 MPa을 많이 사용한다. 이때 $1\mathrm{MPa} = 1\dfrac{\mathrm{N}}{\mathrm{mm}^2}$ 이라는 것을 알아두면 편리하게 계산할 수 있다.

**예제 7** 비틀림 모멘트 $T$를 받는 축의 지름은 $d = \sqrt[3]{\dfrac{16T}{\pi\tau_a}}$ 로 결정된다. 축의 전단강도 $\tau = 400\,\mathrm{MPa}$, 안전계수 $S = 2$, 비틀림 모멘트 $T = 100\mathrm{N}\cdot\mathrm{m}$인 축의 지름 $d$ [mm]를 구하여라. 단, 허용 전단응력 $\tau_a = \dfrac{\tau}{S}$ 이다.

**풀이** 단위를 N, mm로 통일하여 계산한다.

$$T = 100\mathrm{N}\cdot\mathrm{m} = 100\times 10^3\,\mathrm{N}\cdot\mathrm{mm}$$

$$\tau = 400\mathrm{MPa} = 400\times 10^6 \frac{\mathrm{N}}{\mathrm{m}^2} = 400\times 10^6 \frac{\mathrm{N}}{(10^3\mathrm{mm})^2} = 400\frac{\mathrm{N}}{\mathrm{mm}^2}$$

$$d = \sqrt[3]{\frac{16T}{\pi\tau_a}} = \sqrt[3]{\frac{16T}{\pi(\tau/S)}} = \sqrt[3]{\frac{16ST}{\pi\tau}}$$

$$= \sqrt[3]{\frac{16(2)(100\times 10^3)}{\pi(400)}}\ [\mathrm{mm}]$$

$$= \sqrt[3]{\frac{8\times 10^3}{\pi}}\ [\mathrm{mm}]$$

$$= \sqrt[3]{\frac{2^3 \times 10^3}{\pi}} \ [\mathrm{mm}]$$

$$= \sqrt[3]{\frac{(2 \times 10)^3}{\pi}} = \frac{20}{\sqrt[3]{\pi}} \ [\mathrm{mm}]$$

Note 인터넷과 전자 산업의 발달로 인해 요즘에는 각종 공공시험에서 계산기를 사용하지 못한다. 공학 문제를 해석할 때 이것은 바람직하지 않은 일이지만 수험생 입장에서는 따를 수밖에 없다. 따라서 시험에 대비하기 위해서는 평소에 계산기를 사용하지 않고 문제를 푸는 연습을 하도록 한다. 단위 연산과 더불어 수를 계산할 때는 지수법칙(주로 $10^n$에 대한)과 소인수 분해(약분하기 위해)를 이용하면 편리하게 계산되는 경우가 많다. 예를 들어 $x=6$, $y=48$, $z=56$, $m=12$, $n=42$가 있고 $A=xyz$, $B=mn$일 때 $k=\dfrac{A}{B}$를 구하는 문제에서 상당히 많은 학생들이 이렇게 계산한다. $A$와 $B$를 구하면 $A=16{,}128$, $B=504$이고 $k=\dfrac{A}{B}=\dfrac{16{,}128}{504}=32$이다. 웃는 사람이 있겠지만 알게 모르게 이와 같은 식으로 계산하는 사람이 많다.

# 7.2 로그함수

## 1 로그의 정의

(1) $a>0$, $a\neq 1$일 때, 임의의 양수 $N$에 대하여 $a^x=N$이 되는 실수 $x$를 $a$를 밑으로 하는 $N$의 로그(log)라 하고, $x=\log_a N$으로 나타낸다.

(2) $x-\log_a N$에서 $a$를 $\log_a N$의 밑, $N$을 $\log_a N$의 진수라 한다.

[로그의 정의]

$a>0$, $a\neq 1$, $N>0$일 때 $a^x=N \Leftrightarrow x=\log_a N$

(1) 밑의 조건 : 1이 아닌 양의 실수 $(a>0,\ a\neq 1)$

(2) 진수의 조건 : 양의 실수 $(N>0)$

**예** $2^x=4 \quad \Leftrightarrow \quad x=\log_2 4$

$3^x=9 \quad \Leftrightarrow \quad x=\log_3 9$

## 2 로그의 기본성질

$a>0$, $a\neq 1$이고 $x>0$, $y>0$일 때

(1) $\log_a a=1$, $\log_a 1=0$

(2) $\log_a xy=\log_a x+\log_a y$

(3) $\log_a \dfrac{x}{y}=\log_a x-\log_a y$

(4) $\log_a x^m=m\log_a x$($m$ 은 실수)

**예** (1) $\log_2 2=1$, $\log_2 1=0$

(2) $\log_2 6=\log_2(2\times 3)=\log_2 2+\log_2 3=1+\log_2 3$

(3) $\log_2 \dfrac{3}{2}=\log_2 3-\log_2 2=\log_2 3-1$

(4) $\log_2 16=\log_2 2^4=4\log_2 2=4$

## 3 로그의 밑 변환 공식

$a>0,\ a\neq 1,\ b>0,\ b\neq 1,\ x>0$일 때

(1) $\log_a x=\dfrac{\log_b x}{\log_b a}$    (2) $\log_a b=\dfrac{1}{\log_b a}$

예 (1) $\log_2 5=\dfrac{\log_3 5}{\log_3 2}$

(2) $\log_2 3=\dfrac{\log_3 3}{\log_3 2}=\dfrac{1}{\log_3 2}$

## 4 밑의 변환과 관련된 로그의 여러 가지 성질

$a>0,\ a\neq 1,\ b>0,\ b\neq 1,\ c>0$일 때

(1) $a^{\log_a b}=b$    (2) $\log_{a^n} b^m=\dfrac{m}{n}\log_a b$ ($m,\ n$은 실수, $n\neq 0$)

(3) $a^{\log_b c}=c^{\log_b a}$    (4) $\log_a b\times\log_b a=1$

예 (1) $2^{\log_2 3}=3$

(2) $\log_{2^5} 3^7=\dfrac{7}{5}\log_2 3$

(3) $2^{\log_3 4}=4^{\log_3 2}$

(4) $\log_3 7\times\log_7 3=1$

## 5 상용로그

$\log_{10}N$과 같이 밑을 10으로 하는 로그를 상용로그라 하고, 보통 밑 10을 생략하여 $\log N$으로 나타낸다. $\log 10=1,\ \log 10^n=n.$

예 $\log_{10}5=\log 5,\qquad \log 1000=\log 10^3=3\log 10=3$

† 십진법을 사용하는 수의 계산에는 상용로그를 사용하는 것이 편리하다. 그러나 공학 문제를 해석할 때 사용하는 로그는 대부분 자연로그이다.

## 6 자연로그

밑이 $e$인 $\log_e x$를 자연로그라 하고 $\ln x$으로 나타낸다. 즉, $\ln x = \log_e x$이다. 여기에서

$$e = \lim_{h \to 0}(1+h)^{\frac{1}{h}} = 2.718281\cdots \text{ (무리수)}$$

이다.

† 십진법을 사용하는 수의 계산에는 상용로그를 사용하는 것이 편리하다. 그러나 공학 문제를 해석할 때 사용하는 로그는 대부분 자연로그이다.

**예** (1) 소성변형에서의 대수변형률(진변형률)은 다음과 같이 정의된다.

$$\epsilon = \ln\frac{L}{L_0} \quad (L\text{: 재료의 길이})$$

(2) 일계 미분방정식에서 적분인자는 $F(x) = e^{\int R(x)dx}$의 형태가 된다. 여기에서 $\int R(x)dx = 3\ln x$이면 $F(x) = e^{3\ln x} = e^{\ln x^3} = x^3$이다.

(3) 이상기체가 등온과정으로 체적 $V_1$, 압력 $P_1$에서 체적 $V_2$, 압력 $P_2$로 상태변화할 때 한 일은 다음과 같다.

$$W = mRT\ln\left(\frac{V_2}{V_1}\right) = mRT\ln\left(\frac{P_1}{P_2}\right)$$

여기에서 $m$은 기체의 질량이고 $R$은 기체상수이다. 이것을 상용로그로 표현하면 다음과 같이 된다.

$$\ln X = \frac{\log_{10}X}{\log_{10}e} \approx 2.303\log_{10}X$$

$$\therefore \quad W \approx 2.303mRT\log\left(\frac{V_2}{V_1}\right) = 2.303mRT\log\left(\frac{P_1}{P_2}\right)$$

## 7 로그함수

(1) 로그함수: 지수함수 $y = a^x$의 역함수 $y = \log_a x$ $(a \neq 1,\ a > 0)$를 $a$를 밑으로 하는 로그함수라 한다.

(2) 로그함수 $y = \log_a x$ $(a \neq 1,\ a > 0)$의 성질

① 정의역은 $\{x|x>0\}$이고, 치역은 실수 전체의 집합이다.

② 그래프는 점 $(1,0)$을 지나고 직선 $x=0$($y$축)을 점근선으로 한다.

③ $a>1$일 때, $x$의 값이 증가하면 $y$의 값도 증가한다.

$0<a<1$일 때, $x$의 값이 증가하면 $y$의 값은 감소한다.

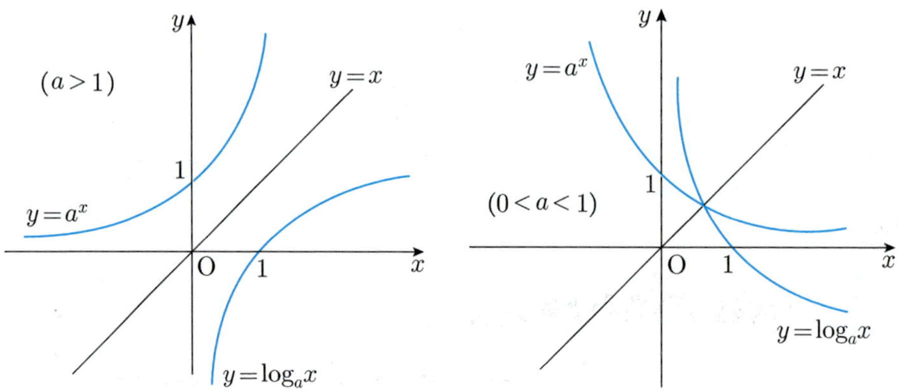


[그림 7.2.1]

† $y=a^x$와 $y=\log_a x$의 그래프: 두 함수는 서로 역함수이므로 두 함수의 그래프는 $y=x$에 대하여 대칭이다.

**설명** 지수 함수 $y=a^x$ $(a \neq 1,\ a>0)$은 정의역이 실수 전체의 집합이고 치역이 양의 실수의 집합인 일대일대응함수이므로 역함수가 존재한다. $y=a^x$에서 $x$를 구하면 로그의 정의에 의해 $x=\log_a y$이고, $x$와 $y$를 바꾸어 쓰면 $y=\log_a x$가 된다. 즉, 지수 함수 $y=a^x$의 역함수는 $y=\log_a x$이다.

**예** (1) 로그함수 예: $y=\log_2 x$, $y=\log x$, $y=\ln x$.

(2) $y=2^x$의 역함수는 $y=\log_2 x$.

**예제 7.2.1** 다음을 간단히 하여라.

(1) $\log_2 4$ (2) $\log_2 \sqrt[3]{16}$ (3) $\log_3 \sqrt{3}$ (4) $\log_3 81$

**풀이** (1) $\log_2 4=\log_2 2^2=2\log_2 2=2$

(2) $\log_2 \sqrt[3]{16}=\log_2 (2^4)^{\frac{1}{3}}=\log_2 2^{\frac{4}{3}}=\frac{4}{3}\log_2 2=\frac{4}{3}$

(3) $\log_3 \sqrt{3} = \log_3 3^{\frac{1}{2}} = \frac{1}{2}\log_3 3 = \frac{1}{2}$

(4) $\log_3 81 = \log_3 3^4 = 4\log_3 3 = 4$

**예제 7.2.2** $\log_2 \sqrt{3} + \frac{1}{2}\log_2 \frac{1}{4} - \log_2 \sqrt{6}$ 의 값을 구하여라.

**풀이**

$$\begin{aligned}\log_2 \sqrt{3} + \frac{1}{2}\log_2 \frac{1}{4} - \log_2 \sqrt{6} &= \frac{1}{2}\log_2 3 + \frac{1}{2}(\log_2 1 - \log_2 4) - \frac{1}{2}\log_2 6 \\ &= \frac{1}{2}\log_2 3 + \frac{1}{2}(0-2) - \frac{1}{2}(\log_2 2 + \log_2 3) \\ &= -1 - \frac{1}{2} \times \log_2 2 = -\frac{3}{2}\end{aligned}$$

**예제 7.2.3** $\log_2 3 - a$, $\log_2 5 = b$일 때 $\log_2 10 - \log_2 12 + \log_3 6$을 $a$, $b$로 나타내어라.

**풀이**

$$\begin{aligned}\log_2 10 - \log_2 12 + \log_3 6 &= \log_2(2\times 5) - \log_2(2^2 \times 3) + \frac{\log_2(2\times 3)}{\log_2 3} \\ &= 1 + \log_2 5 - 2 - \log_2 3 + \frac{1+\log_2 3}{\log_2 3} \\ &= \frac{1}{a} - a + b\end{aligned}$$

**예제 7.2.4** $\log \dfrac{2^x\sqrt{x^4+1}}{\sqrt[3]{(x^2+1)^2}}$ 을 자연로그의 합과 차로 나타내어라.

**풀이** 밑 변환 공식으로부터

$$\begin{aligned}\log \frac{2^x\sqrt{x^4+1}}{\sqrt[3]{(x^2+1)^2}} &= \frac{\ln \dfrac{2^x\sqrt{x^4+1}}{\sqrt[3]{(x^2+1)^2}}}{\ln 10} \\ &= \frac{1}{\ln 10}\left\{x\ln 2 + \frac{1}{2}\ln(x^4+1) - \frac{2}{3}\ln(x^2+1)\right\}\end{aligned}$$

**예제 7.2.5** $x$에 대한 다음 방정식의 두 근을 $\alpha$, $\beta$라 할 때 $\alpha\beta$의 값을 구하여라.

$$(\log_3 x)^2 - 4\log_3 x - 2 = 0$$

**풀이** $\log_3 x = X$로 하면 주어진 방정식은 다음과 같이 $X$에 대한 이차방정식이 된다.

$$X^2 - 4X - 2 = 0$$

이 이차방정식의 두 근을 $A$, $B$라 하면 근과 계수와의 관계로부터

$$A + B = 4$$

가 된다. 따라서 주어진 방정식의 두 근을 $\alpha$, $\beta$라 하면

$$\log_3\alpha = A,\ \log_3\beta = B$$

이므로

$$A + B = \log_3\alpha + \log_3\beta = \log_3\alpha\beta = 4$$

$$\therefore\ \alpha\beta = 3^4 = 81$$

이다.

**예제 7.2.6** $y = \log_2 8(x-2) - 4$의 그래프를 그리고 정의역, 치역, 점근선의 방정식을 구하여라.

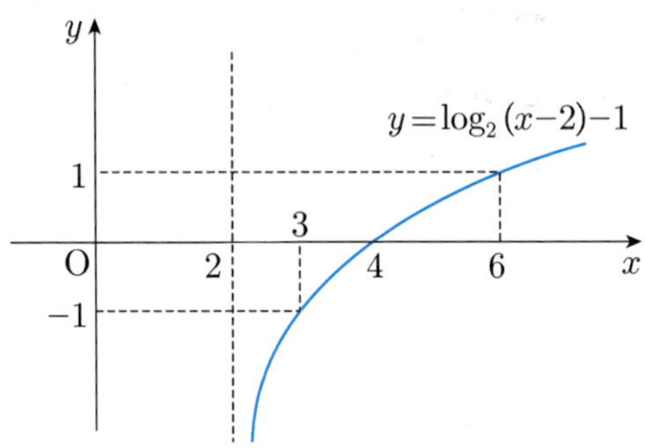


[그림 7.2.2]

**풀이** 
$$\begin{aligned} y = \log_2 8(x-2) - 4 &= \log_2 8 + \log_2(x-2) - 4 \\ &= 3 + \log_2(x-2) - 4 \\ &= \log_2(x-2) - 1 \end{aligned}$$

- 정의역 $\{x | x > 2\}$
- 치역은 실수 전체의 집합
- 점근선 $x = 2$

**예제 7.2.7** 길이가 긴 원통 벽의 온도분포 $T(r)$은 다음 미분방정식

$$\frac{1}{r}\frac{d}{dr}\left(kr\frac{dT}{dr}\right) = 0$$

로 기술되고, 열전도도 $k$가 일정할 때 이 미분방정식을 적분하여 해를 구하면

$$T(r) = C_1 \ln r + C_2$$

가 된다. 여기에서 $T(r)$은 중심으로부터의 거리가 $r$(반경)인 곳에서의 온도이고, $C_1$, $C_2$ 는 상수이다. 안쪽 반경과 바깥쪽 반경이 각각 30cm, 50cm 인 원통 벽의 안쪽 벽과 바깥쪽 벽의 온도가 각각 20℃, 60℃ 로 유지되면 반경 40cm 에서의 온도는 몇 ℃ 인가?

**풀이** 안쪽 벽의 반경과 온도를 $R_1$, $T_1$, 바깥쪽 벽의 반경과 온도를 $R_2$, $T_2$로 하면

$$\begin{cases} T_1 = C_1 \ln R_1 + C_2 & \cdots ① \\ T_2 = C_1 \ln R_2 + C_2 & \cdots ② \end{cases}$$

② − ①을 하면

$$C_1 = \frac{T_2 - T_1}{\ln(R_2/R_1)}$$

$$C_2 = -C_1 \ln R_1 + T_1$$

이므로 온도분포

$$\begin{aligned} T(r) &= C_1 \ln r + C_2 \\ &- C_1 \ln r - C_1 \ln R_1 + T_1 \\ &= C_1 (\ln r - \ln R_1) + T_1 \\ &= C_1 \ln(r/R_1) + T_1 \\ &= \frac{T_2 - T_1}{\ln(R_2/R_1)} \ln(r/R_1) + T_1 \end{aligned}$$

이다. 따라서 반지름 $r = 40\text{cm}$ 에서의 온도는 다음과 같다.

$$\begin{aligned} T(40) &= \frac{60-20}{\ln(50/30)} \ln(40/30) + 20 \\ &\approx 42.5(℃) \end{aligned}$$

**예제 7.2.8** 단면적이 균일한 길이 $L_0$의 봉에 하중을 가하여 길이가 $L$로 늘어났을 때 대수변형률(logarithmic strain) $\epsilon$과 공칭변형률(nominal strain) $\epsilon'$은 다음과 같이 정의된다.

$$\epsilon = \ln \frac{L}{L_0}, \quad \epsilon' = \frac{L - L_0}{L_0}$$

(1) 최초 길이 $L_0$로부터 $L_1$까지 늘린 후 다시 $L_2$로 늘렸을 때 각 단계에서의 대수변형률

$$\epsilon_1 = \ln\frac{L_1}{L_0},\quad \epsilon_2 = \ln\frac{L_2}{L_1}$$

와 $L_0$로부터 $L_2$까지의 대수변형률($\epsilon$)의 관계를 구하여라.

(2) 대수변형률 $\epsilon = 0.095$일 때 공칭변형률 $\epsilon'$의 값을 구하여라.

**풀이** (1) 처음 길이 $L_0$, 나중 길이 $L_2$일 때 대수변형률은 $\epsilon = \ln\dfrac{L_2}{L_0}$이다.

$$\begin{aligned}\therefore\ \epsilon = \ln\frac{L_2}{L_0} &= \ln\left(\frac{L_1}{L_0}\times\frac{L_2}{L_1}\right)\\ &= \ln\frac{L_1}{L_0} + \ln\frac{L_2}{L_1}\\ &= \epsilon_1 + \epsilon_2\end{aligned}$$

즉, $\epsilon = \epsilon_1 + \epsilon_2$가 되어 전 과정을 통한 대수변형률은 각 단계에서의 대수변형률의 대수합으로 표현된다.

(2) 처음 길이 $L_0$, 나중 길이 $L$일 때 공칭변형률($\epsilon'$)은

$$\epsilon' = \frac{L - L_0}{L_0} = \frac{L}{L_0} - 1$$

이다. 이 식으로부터

$$\frac{L}{L_0} = \epsilon' + 1$$

$$\therefore\ \epsilon = \ln\frac{L}{L_0} = \ln(\epsilon' + 1)$$

의 관계식을 얻는다. 여기에서 로그의 정의로부터

$$\epsilon' + 1 = e^{\epsilon}$$

$$\therefore\ \epsilon' = e^{\epsilon} - 1 = e^{0.095} - 1 \approx 0.1$$

이다.

**예제 7.2.9** 어떤 기체의 상태변화가 폴리트로픽 과정($TP^{(1-n)/n} = C$)으로 일어난다. 이 기체가 처음 상태(1)에서 나중 상태(2)로 상태 변화가 일어났을 때 $\dfrac{P_2}{P_1} = 10$, $\dfrac{T_2}{T_1} = 1.5$였다. 기체의 폴리트로프 지수($n$)의 값을 구하여라.

**풀이** 처음 상태와 나중 상태의 온도와 압력은 각각 $(T_1,\ P_1)$, $(T_2,\ P_2)$이다. $TP^{(1-n)/n} = C$ (일정)의 관계식으로부터

$$T_1 P_1^{(1-n)/n} = T_2 P_2^{(1-n)/n}$$

$$\therefore \quad \frac{T_2}{T_1} = \left(\frac{P_1}{P_2}\right)^{(1-n)/n} \qquad \cdots ①$$

가 된다. 식 ①의 양변에 자연로그를 잡으면

$$\ln\frac{T_2}{T_1} = \ln\left(\frac{P_1}{P_2}\right)^{(1-n)/n}$$

$$\ln\frac{T_2}{T_1} = \frac{1-n}{n}\ln\frac{P_1}{P_2} \qquad \cdots ②$$

이다. 여기에서 $\ln\dfrac{P_1}{P_2} = -\ln\dfrac{P_2}{P_1}$이므로 식 ②는 다음과 같이 된다.

$$\ln\frac{T_2}{T_1} = \frac{1-n}{n}\left(-\ln\frac{P_2}{P_1}\right) = \frac{n-1}{n}\ln\frac{P_2}{P_1}$$

$$n\ln\frac{T_2}{T_1} = (n-1)\ln\frac{P_2}{P_1} \qquad \cdots ③$$

$n$에 대한 1차방정식 ③을 풀면 다음과 같이 폴리트로프 지수($n$)의 값이 구해진다.

$$n\ln\frac{T_2}{T_1} = n\ln\frac{P_2}{P_1} - \ln\frac{P_2}{P_1}$$

$$n\left(\ln\frac{P_2}{P_1} - \ln\frac{T_2}{T_1}\right) = \ln\frac{P_2}{P_1}$$

$$\therefore \quad n = \frac{\ln(P_2/P_1)}{\ln(P_2/P_1) - \ln(T_2/T_1)}$$

$$= \frac{\ln 10}{\ln 10 - \ln 1.5}$$

$$= 1.214$$

# 연습문제 7.2

**01** 다음 값을 구하여라.

(1) $\log_2 64^2$

(2) $\log_2 4\sqrt{2\sqrt[3]{16}}$

(3) $\log_7 49\sqrt{7}$

(4) $\log_3 \frac{2}{\sqrt{3}} + \log_3 \frac{\sqrt[3]{27}}{2}$

**02** $\log_2 3 = a$일 때 $\log_{18} \sqrt[3]{12}$를 $a$로 나타내어라.

**03** $\log_{10} 2 = a$, $\log_{10} 3 = b$일 때 $\log_{10}(0.12)$를 $a$, $b$로 나타내어라.

**04** $\log_{10} 2 = 0.3010$일 때 $\log_{10} 5$의 값을 구하여라.

**05** $x^2 - 8x + 2 = 0$의 두 근을 $\alpha$, $\beta$, $\log_3\left(\alpha + \frac{1}{\beta}\right) + \log_3\left(\beta + \frac{1}{\alpha}\right) = k$라 할 때 $3^k$의 값을 구하여라.

**06** $x = \frac{4}{\sqrt{5}+1}$일 때 $\log_5(x^3+1) - \log_5(x^2 - x + 1)$의 값을 구하여라.

**07** $\log_2 x + \log_4 \frac{1}{x} = 3$일 때 $\log_4 x - \log_2 \frac{1}{x}$의 값을 구하여라.

**08** $\log_3 12$의 정수 부분을 $n$, 소수 부분을 $x$라 할 때 $\frac{3^n + 3^x}{3^{-n} + 3^{-x}}$의 값을 구하여라.

† $\log_3 3^2 < \log_3 12 < \log_3 3^3$이므로 $n = 2$, $a^{\log_a b} = b$.

**09** $\log_2 81 + \log_4 9 - \log_8 9 = a \log_2 3$일 때 $a$의 값을 구하여라.

# 제8장 삼각함수

# 8.1 삼각비

## 1 일반각

(1) 시초선과 동경: 평면 위에서 반직선 OP가 점 O를 중심으로 고정된 반직선 OX에서부터 회전할 때 OX를 시초선, OP를 동경이라 하고 회전량 $\theta$를 $\angle$XOP의 크기라 정의한다.

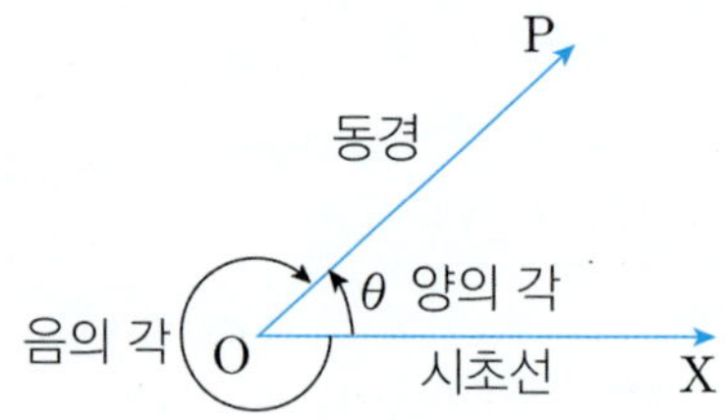


[그림 8.1.1]

(2) 일반각: $\angle$XOP의 크기의 하나를 $\alpha°$라 할 때 $\theta = \alpha° + 360° \times n$($n$은 정수)로 나타내는 것을 동경 OP의 일반각이라 정의한다. 정수 $n$의 값에 관계없이 $\theta$가 나타내는 동경 OP의 위치는 같고, $\alpha°$는 보통

$$0 \le \alpha° < 360° \text{ 또는 } -180° < \alpha° \le 180°$$

이다.

(3) 양의 각, 음의 각: 동경 OP가 시계 반대 방향으로 회전한 각을 양(+)의 각, 시계 방향으로 회전한 각을 음(−)의 각이라 정의한다.

예 (1) 30°, 390°, 750°가 나타내는 동경의 위치는 모두 같다.
(2) 양의 각 210°와 음의 각 −150°가 나타내는 동경의 위치는 같다.

## 2 호도법

(1) 반지름의 길이와 호($\overset{\frown}{AB}$)의 길이가 같을 때의 중심각의 크기($\angle$AOB)를 1라디안(radian)이라 하고, 이것을 단위로 하여 각을 나타내는 방법을 호도법이라 한다. 반지름의 길이가 1인 부채꼴에서 호의 길이가 $a$이면 중심각의 크기는 $a$ rad이 된다.

(2) 호도법과 60분법의 관계: 호의 길이는 중심각의 크기에 비례하므로 $\angle$AOB를 $\beta°$라 하면, $\beta° : r = 360° : 2\pi r$에서 $\beta° = \dfrac{180°}{\pi}$이다. 즉,

$$1\,\text{rad} = \frac{180°}{\pi},\quad 1° = \frac{\pi}{180}\,\text{rad}$$

이다.

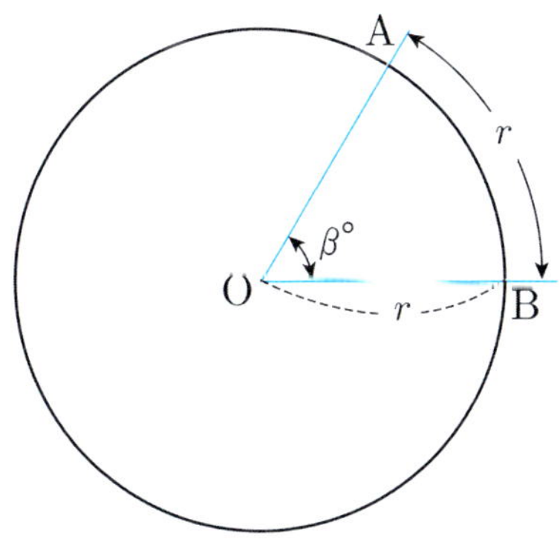


[그림 8.1.2]

(3) [8.1.1] 일반각에서 $\angle XOP$의 크기의 하나가 $\alpha$ rad일 때 동경 OP가 나타내는 일반각 $\theta = \alpha + 2\pi n$($n$은 정수)이다. $\alpha$는 보통

$$0 \le \alpha < 2\pi \text{ 또는 } -\pi < \alpha \le \pi$$

이다.

† 라디안은 호의 길이와 반지름의 길이의 비이므로 차원이 없는 실수이고, 보통 단위(rad)를 생략하여 $\frac{\pi}{4}$, $\pi$, $2\pi$ 등과 같이 나타낸다. 라디안은 차원이 없는 단위(무차원수)라는 것에 주의한다. 예를 들어 각속도 $\omega$(rad/s)의 차원은 $1/T$($T$는 시간)이다.

예 (1) 반지름의 길이가 1인 $\frac{1}{4}$ 원의 중심각의 크기는 $\frac{\pi}{2}$ rad, 호의 길이는 $\frac{\pi}{2}$이다.

(2) $60° = 60 \times \frac{\pi}{180}\,\text{rad} = \frac{\pi}{3}\,\text{rad}$

$\frac{\pi}{4}\,\text{rad} = \frac{\pi}{4} \times \frac{180°}{\pi} = 45°$

## 3 부채꼴의 호의 길이와 넓이

반지름의 길이 $r$, 중심각 $\theta$(rad)인 부채꼴의 호의 길이를 $l$, 넓이를 $S$라 하면, 호의 길이와 넓이는 중심각의 크기에 비례하므로

$$\theta : l = 2\pi : 2\pi r \quad \therefore \quad l = r\theta$$

$$\theta : S = 2\pi : \pi r^2 \quad \therefore \quad S = \frac{1}{2}r^2\theta = \frac{1}{2}rl$$

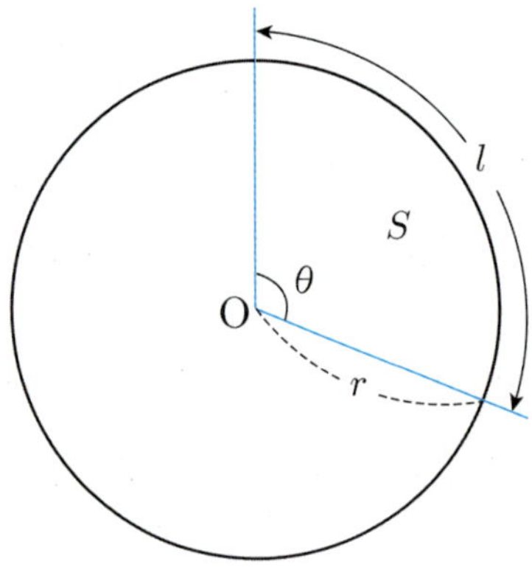


[그림 8.1.3]

† 각 $\theta$는 호도법에 의한 단위라는 사실에 주의한다.

예 (1) 반지름 4cm, 중심각 $\frac{\pi}{4}$인 부채꼴의 호의 길이($l$)와 면적($S$)은?

$$l = r\theta = 4\text{cm} \times \frac{\pi}{4} = \pi\,\text{cm}$$

$$S = \frac{1}{2}r^2\theta = \frac{1}{2} \times (4\text{cm})^2 \times \frac{\pi}{4} = 2\pi\text{cm}^2$$

(2) 반지름 6cm, 호의 길이 3cm인 부채꼴의 면적($S$)은?

$$S = \frac{1}{2}rl = \frac{1}{2} \times 6\text{cm} \times 3\text{cm} = 9\text{cm}^2$$

## 4 삼각비와 피타고라스 정리

(1) 삼각비의 정의: $\angle C = 90°$인 직각삼각형 ABC에서 세 변의 길이 사이의 비의 값을 다음과 같이 정의한다.

$$\sin A = \frac{a}{c}, \ \cos A = \frac{b}{c}, \ \tan A = \frac{a}{b}$$

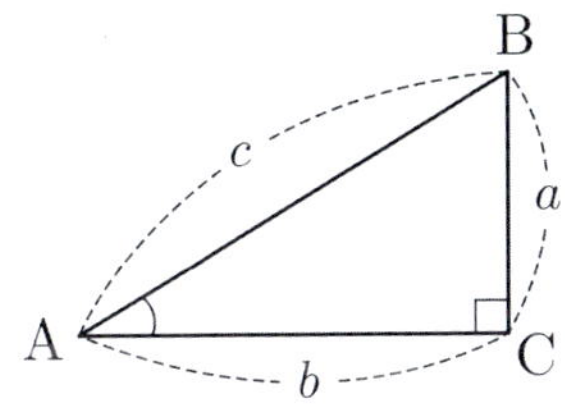


[그림 8.1.4]

sin, cos, tan는 각각 sine, cosine, tangent의 약자이고 A는 ∠A의 크기를 나타낸다. 일반적으로 삼각형에서 기호를 정할 때, 각의 크기는 대문자, 변의 길이는 소문자로 나타낸다. 그리고 각 A, B, C에 마주 보는 변의 길이를 각각 $a$, $b$, $c$로 나타낸다.

(2) 피타고라스 정리: 빗변의 길이가 $c$이고 나머지 두 변의 길이가 $a$, $b$인 직각삼각형 ABC에서 세 변의 길이 사이에는 다음 관계식이 성립한다.

$$a^2 + b^2 = c^2$$

## 5 특수각의 삼각비

| 삼각비 \ $\theta$ | $30^\circ\left(\frac{\pi}{6}\right)$ | $45^\circ\left(\frac{\pi}{4}\right)$ | $60^\circ\left(\frac{\pi}{3}\right)$ |
|---|---|---|---|
| $\sin\theta$ | $\frac{1}{2}$ | $\frac{1}{\sqrt{2}}$ | $\frac{\sqrt{3}}{2}$ |
| $\cos\theta$ | $\frac{\sqrt{3}}{2}$ | $\frac{1}{\sqrt{2}}$ | $\frac{1}{2}$ |
| $\tan\theta$ | $\frac{1}{\sqrt{3}}$ | $1$ | $\sqrt{3}$ |

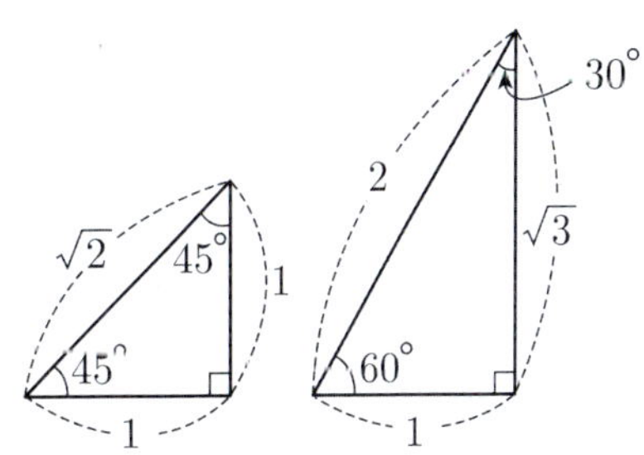


[그림 8.1.5]

**예제 8.1.1** 중심각이 $45^\circ$인 부채꼴의 면적이 $2\pi\text{cm}^2$일 때 부채꼴의 반지름과 호의 길이를 구하여라.

**풀이** 먼저 중심각을 호도법의 각으로 바꾸면

$$\theta = 45^\circ = 45 \times \frac{\pi}{180}\text{rad} = \frac{\pi}{4}\text{rad}$$

이다. 따라서

$$S = \frac{1}{2}r^2\theta$$

으로부터 부채꼴의 반지름

$$r = \sqrt{\frac{2S}{\theta}} = \sqrt{\frac{2 \times 2\pi\text{cm}^2}{\frac{\pi}{4}}} = 4\text{cm}$$

이고, 부채꼴의 호의 길이

$$l = r\theta = 4\text{cm} \times \frac{\pi}{4} = \pi\text{cm}$$

이다.

**예제 8.1.2** 둘레의 길이가 20cm인 부채꼴의 최대 넓이와 그때의 중심각의 크기를 구하여라.

**풀이** 반지름과 호의 길이를 각각 $r$cm, $l$cm, 면적을 $S$cm$^2$라고 하면, 둘레의 길이

$$20\text{cm} = (2r + l)\text{cm}$$

이므로 호의 길이

$$l = 20 - 2r$$

이다. 따라서 면적의 최댓값은 다음과 같이 구해진다.

$$S = \frac{1}{2}rl = \frac{1}{2}r(20 - 2r) = 10r - r^2 = -(r-5)^2 + 25$$

$\therefore$ $r = 5$일 때 $S$는 최댓값 25를 갖는다.

이때의 중심각을 $\theta$라 하면

$$S = \frac{1}{2}r^2\theta$$

이므로

$$\theta = \frac{2S}{r^2} = \frac{2 \times 25}{5^2} = 2 \ (\text{rad})$$

이다. 따라서 부채꼴의 최대 넓이는 25 cm$^2$, 중심각의 크기는 2 rad이다.

**예제 8.1.3** 빗변의 길이가 4cm인 다음 그림의 직각삼각형에서 나머지 두 변의 길이($a$, $b$)를 구하여라.

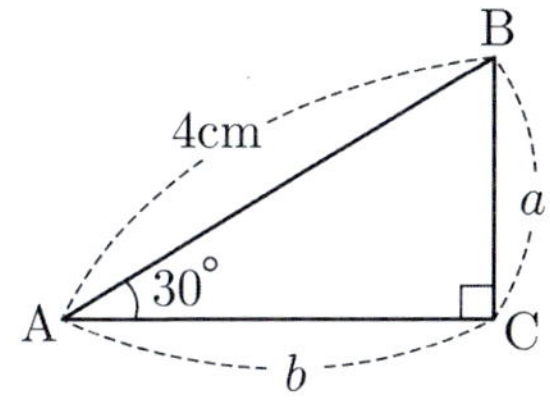


[그림 8.1.6]

**풀이** 삼각비의 정의로부터 변의 길이를 구한다.

$$\sin 30° = \frac{a}{4\text{cm}}$$

$$\therefore\ a = 4\sin 30°\text{cm} = 4 \times \frac{1}{2}\text{cm} = 2\text{cm}$$

$$\cos 30° = \frac{b}{4\text{cm}}$$

$$\therefore\ b = 4\cos 30°\,\text{cm} = 4 \times \frac{\sqrt{3}}{2}\text{cm} = 2\sqrt{3}\,\text{cm}$$

**예제 8.1.4** 그림과 같은 $\triangle ABC$에서 $\angle A = 45°$, $\overline{AB} = 4\sqrt{2}$, $\overline{AC} = 7$일 때 변 $\overline{BC}$의 길이 $x$를 구하여라.

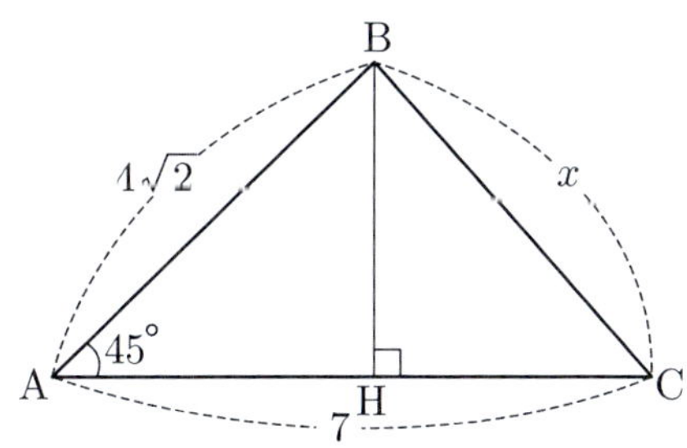


[그림 8.1.7]

**풀이** 꼭짓점 B에서 내린 수선과 변 $\overline{AC}$의 교점을 H라 하면 $\triangle ABH$에서

$$\cos 45° = \frac{1}{\sqrt{2}} = \frac{\overline{AH}}{4\sqrt{2}},\ \sin 45° = \frac{1}{\sqrt{2}} = \frac{\overline{BH}}{4\sqrt{2}}$$

$$\therefore\ \overline{AH} = 4,\ \overline{BH} = 4$$

이다. 따라서

$$\overline{CH} = 7 - \overline{AH} = 7 - 4 = 3$$

이므로 $\triangle BCH$에 피타고라스 정리를 적용하면 다음과 같이 $x$가 구해진다.

$$x = \sqrt{(\overline{BH})^2 + (\overline{CH})^2} = \sqrt{4^2 + 3^2} = 5$$

**예제 8.1.5** $\angle A = 15°$, $\angle C = 90°$인 그림과 같은 직각삼각형에서 다음을 구하여라.

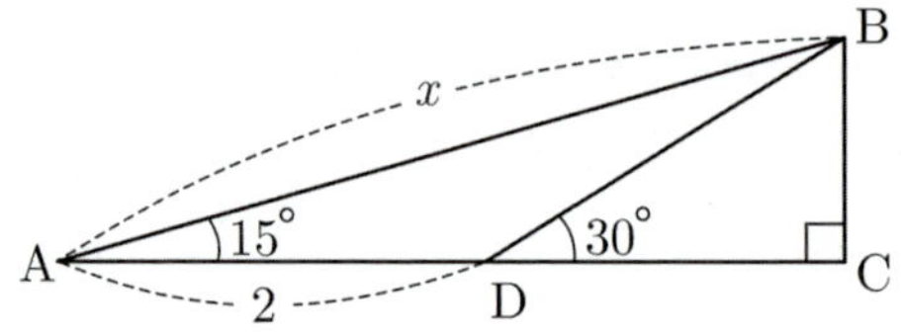


[그림 8.1.8]

(1) 선분 $\overline{AB}$, $\overline{BC}$, $\overline{CD}$의 길이

(2) $\sin 15°$, $\cos 15°$, $\tan 15°$의 값

**풀이** (1) $\angle A = 15°$이고 $\angle BDC = 30°$이므로 $\angle ABD = 15°$이다. 따라서 $\Delta ABD$는 이등변삼각형이고 $\overline{BD} = \overline{AD} = 2$이다. $\Delta BCD$에서 삼각비의 정의를 적용하면

$$\overline{BC} = \overline{BD} \sin 30° = 2\sin 30° = 1$$
$$\overline{CD} = \overline{BD} \cos 30° = 2\cos 30° = \sqrt{3}$$

이다. 이때 $\Delta ABC$에서

$$\overline{AC} = \overline{AD} + \overline{CD} = 2 + \sqrt{3}$$

이므로 피타고라스 정리를 적용하면 다음과 같이 $\overline{AB}$의 길이($x$)가 구해진다.

$$x^2 = (\overline{AC})^2 + (\overline{BC})^2$$

$$\begin{aligned} \therefore\ x = \sqrt{(\overline{AC})^2 + (\overline{BC})^2} &= \sqrt{(2 + \sqrt{3})^2 + 1^2} \\ &= \sqrt{8 + 4\sqrt{3}} \\ &= \sqrt{8 + 2\sqrt{6 \cdot 2}} \\ &= \sqrt{6} + \sqrt{2} \end{aligned}$$

(2) $\Delta ABC$에서 삼각비의 정의에 의해

$$\sin 15° = \frac{\overline{BC}}{x} = \frac{1}{\sqrt{6} + \sqrt{2}} = \frac{\sqrt{6} - \sqrt{2}}{4}$$

$$\cos 15° = \frac{\overline{AC}}{x} = \frac{2+\sqrt{3}}{\sqrt{6}+\sqrt{2}} = \frac{\sqrt{6}+\sqrt{2}}{4}$$

$$\tan 15° = \frac{\overline{BC}}{\overline{AC}} = \frac{1}{2+\sqrt{3}} = 2-\sqrt{3}$$

이다.

## 6 이중근호

(1) $a>0$, $b>0$일 때 $\sqrt{a+b+2\sqrt{ab}} = \sqrt{a}+\sqrt{b}$

(2) $a>b>0$일 때 $\sqrt{a+b-2\sqrt{ab}} = \sqrt{a}-\sqrt{b}$

**예** (1) $\sqrt{5+2\sqrt{6}} = \sqrt{2+3+2\sqrt{2\times 3}} = \sqrt{2}+\sqrt{3}$

(← 곱해서 6, 더해서 5가 되는 두 수 2, 3을 찾는다.)

(2) $\sqrt{3-2\sqrt{2}} = \sqrt{2+1-2\sqrt{2\times 1}} = \sqrt{2}-1$

(← 곱해서 2, 더해서 3이 되는 두 수 1, 2를 찾는다.)

**예제 8.1.6** 다음 각 수의 이중근호를 풀어라.

(1) $\sqrt{2+\sqrt{3}}$ (2) $\sqrt{\frac{11}{2}-3\sqrt{2}}$

**풀이** (1) $\sqrt{2+\sqrt{3}} = \sqrt{\frac{4+2\sqrt{3}}{2}} = \frac{\sqrt{4+2\sqrt{3}}}{\sqrt{2}}$

$$= \frac{\sqrt{3}+1}{\sqrt{2}} = \frac{\sqrt{6}+\sqrt{2}}{2}$$

(2) $\sqrt{\frac{11}{2}-3\sqrt{2}} = \sqrt{\frac{11-6\sqrt{2}}{2}} = \frac{\sqrt{11-2\sqrt{9\times 2}}}{\sqrt{2}}$

$$= \frac{\sqrt{9}-\sqrt{2}}{\sqrt{2}} = \frac{3-\sqrt{2}}{\sqrt{2}} = \frac{3\sqrt{2}-2}{2}$$

# [금속 재료] 금속 결정의 종류

금속의 대표적인 결정 구조에는 체심입방격자(BCC, body-centered cubic lattice), 면심입방격자(FCC, face-centered cubic lattice), 조밀육방격자(HCP, hexagonal close-packed lattice)가 있다.

다음 그림은 체심입방격자를 나타낸 것으로 입방체의 각 모서리(8개)에 1개씩의 원자와 입방체의 중심에 1개의 원자가 존재하는 격자 구조를 이루고 있다. 체심입방격자에 속하는 금속에는 크롬(Cr), 몰리브덴(Mo), $\alpha$철, $\delta$철 등이 있다.

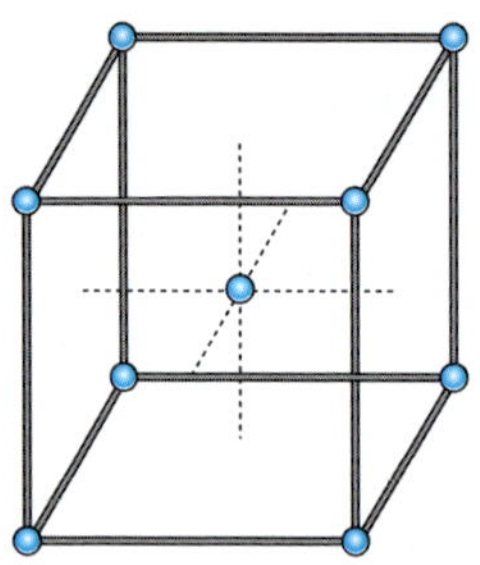

(a) 단위 격자

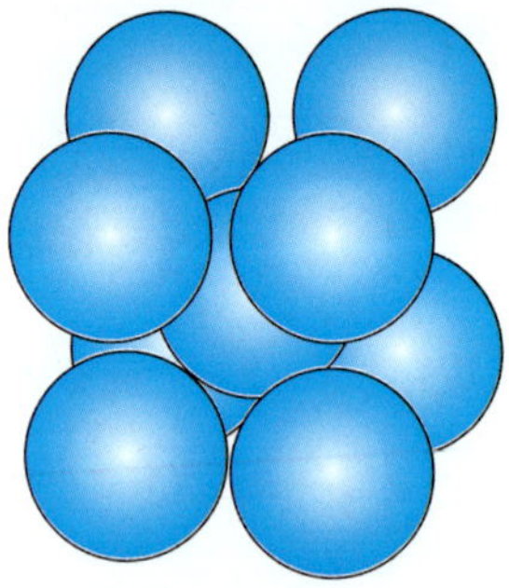

(b) 원자 배열

[그림 8.1.9]

**예제 8.1.7** 원자는 둥글기 때문에 공간을 꽉 채울 수 없다. 이때 다음과 같이 원자 충진율(APF, atomic packing factor)을 정의한다.

$$\bullet\ \text{충진율} = \frac{\text{단위 격자 내 원자의 부피}}{\text{단위 격자의 부피}} \times 100\ (\%)$$

체심입방격자의 원자 충진율을 구하여라.

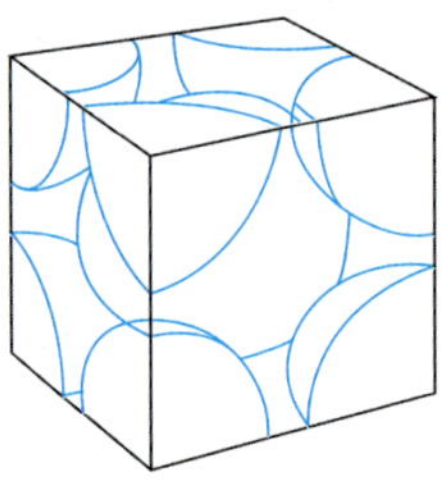

(a)

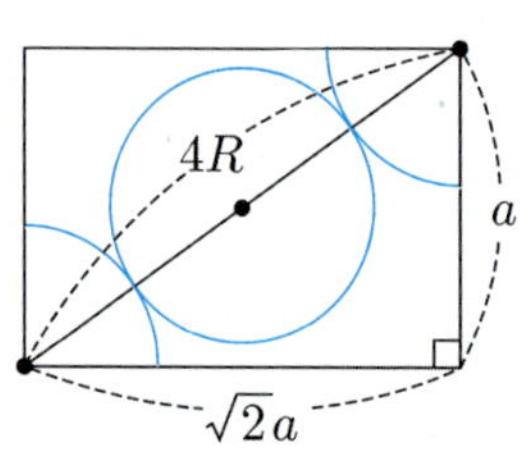


(b)

[그림 8.1.10]

**풀이** 먼저 단위격자 안에 있는 원자의 개수를 구한다. 그림의 (a)와 같이 정육면체의 8개의 모서리마다 $\frac{1}{4}$개의 원자가 있고 중앙에 1개의 원자가 있으므로 원자의 총수($N$)는

$$N = 8 \times \frac{1}{4} + 1 = 2(\text{개})$$

이다. 다음에 원자 반지름을 구한다. 정육면체를 대각선 방향으로 자르면 단면 모양은 그림 (b)와 같다. 여기에서 $a$는 정육면체의 한 변의 길이이고 $R$은 원자의 반지름이다. 피타고라스 정리를 적용하면 나음과 같이 원자 반지름이 구해진다.

$$(4R)^2 = (\sqrt{2}\,a)^2 + a^2$$

$$16R^2 = 3a^2$$

$$\therefore \quad R = \frac{\sqrt{3}}{4}a$$

이상의 결과로부터 충진율을 구하면

$$\bigcirc \text{ 충진율} = \frac{\text{단위 격자 내 원자의 부피}}{\text{단위 격자의 부피}} \times 100\,(\%)$$

$$= \frac{2 \times \left(\frac{4}{3}\pi R^3\right)}{a^3} \times 100\,(\%)$$

$$= \frac{2 \times \left[\frac{4}{3}\pi \cdot \left(\frac{\sqrt{3}}{4}a\right)^3\right]}{a^3} \times 100\,(\%)$$

$$= \frac{\sqrt{3}}{8}\pi \times 100\,(\%)$$

$$= 68.0\,(\%)$$

이다.

**예제 8.1.8** 경사각 $\theta = 30°$인 빗면 위에서 질량 $m$의 물체가 중력에 의해 일정한 가속도 $a$로 미끄러져 내려오고 있을 때 물체의 가속도를 구하여라. 단, 운동 마찰계수 $\mu_k = 0.2$이다.4)

4) 삼각함수는 고등학교 때 어려워하는 부분이지만 학부 과정에서 전공을 공부할 때 수학적으로 크게 어려운 것은 없다. 피타고라스 정리와 삼각비의 정의만 알아도 대부분 해결된다.

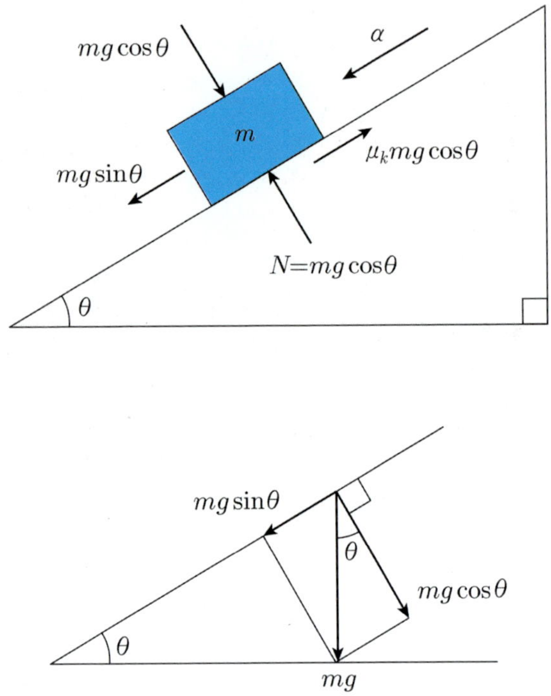


[그림 8.1.11]

**풀이** 연직 아래 방향으로 작용하는 중력에 의한 힘($mg$)을 빗면 방향과 빗면에 수직한 방향으로 분해하면 각각 $mg\sin\theta$, $mg\cos\theta$이다. 따라서 경사면에서의 반력($N$)과 마찰력($f$)은

$$N = mg\cos\theta$$
$$f = \mu_k N = \mu_k mg\cos\theta$$

이므로, 물체에 작용하는 운동방향($a$, ↙)의 힘은

$$mg\sin\theta - \mu_k mg\cos\theta$$

이다. 여기에서 운동 제2법칙($\sum F = ma$)을 적용하면 다음과 같이 물체의 가속도($a$)가 구해진다.

$$mg\sin\theta - \mu_k mg\cos\theta = ma$$

$$\begin{aligned} \therefore\ a &= g(\sin\theta - \mu_k\cos\theta) \\ &= 9.8(\sin 30° - 0.2\cos 30°) \\ &= 3.2\ (\mathrm{m/s^2}) \end{aligned}$$

# 연습문제 8.1

**01** 다음 각을 60분법은 호도법으로, 호도법은 60분법으로 나타내어라.

(1) $45°$　　(2) $150°$

(3) $\frac{4\pi}{3}$　　(4) $\frac{7\pi}{6}$

**02** 반지름이 $4\,\mathrm{cm}$이고, 호의 길이가 $5\pi\mathrm{cm}$인 부채꼴의 중심각과 넓이를 구하여라.

**03** 호의 길이가 $4\pi\mathrm{cm}$이고 넓이가 $8\pi\mathrm{cm}^2$인 부채꼴의 반지름과 중심각의 크기를 구하여라.

**04** 둘레의 길이가 일정한 부채꼴의 넓이가 최대가 되는 중심각은 $2\,\mathrm{rad}$임을 보여라.

**05** 그림과 같은 삼각형 ABC에서 빗변($\overline{\mathrm{AB}}$)과 높이($\overline{\mathrm{BH}}$)를 구하여라.

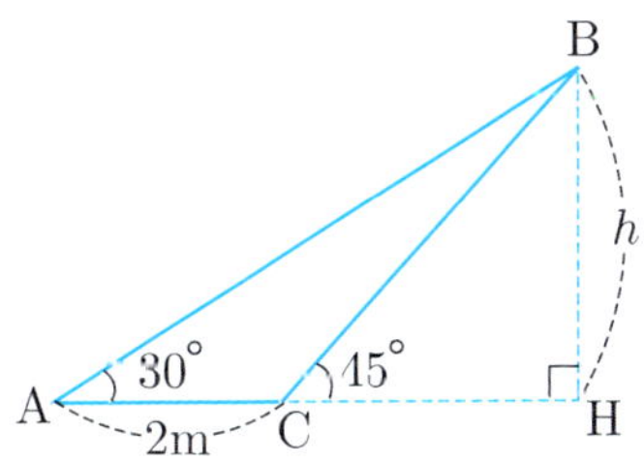


[문제 5]

**06** 그림과 같은 삼각형 ABC에서 $\angle A=60°$, $\angle B=45°$, $\overline{\mathrm{AC}}=20$일 때 나머지 두 변 ($\overline{\mathrm{AB}}$, $\overline{\mathrm{BC}}$)의 길이를 구하여라.

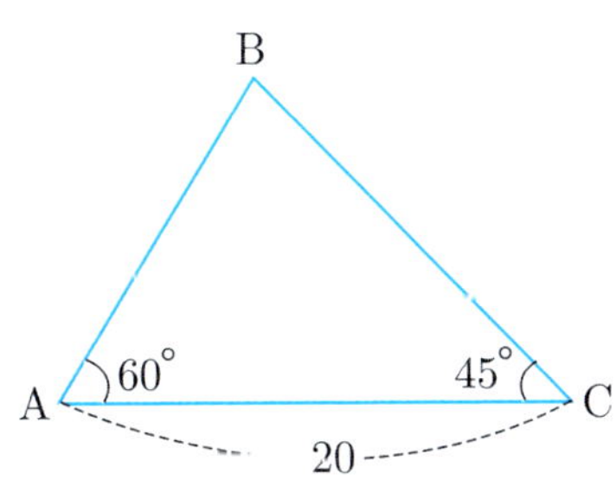


[문제 6]

# 8.2 삼각함수

## 1 삼각함수의 정의

동경 OP가 $x$축의 양의 방향과 이루는 각의 크기를 $\theta$, 동경과 반지름의 길이가 $r$인 원과의 교점을 $\mathrm{P}(x,y)$라고 할 때 $\theta$의 사인함수, 코사인함수, 탄젠트함수와 코시컨트함수, 시컨트함수, 코탄젠트함수는 다음과 같이 정의되고 이 여섯 가지 함수를 통틀어 삼각함수라 한다.

$$\sin\theta = \frac{y}{r},\ \cos\theta = \frac{x}{r},\ \tan\theta = \frac{y}{x}\ \ (r = \sqrt{x^2+y^2})$$

$$\csc\theta = \frac{r}{y},\ \sec\theta = \frac{r}{x},\ \cot\theta = \frac{x}{y}$$

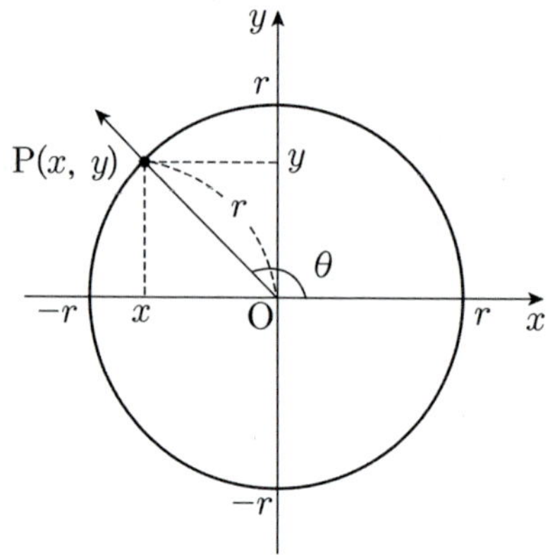


[그림 8.2.1]

† 삼각비는 $\theta$가 예각$(0 < \theta < \frac{\pi}{2})$인 경우의 삼각함수라고 할 수 있다.

† $\csc\theta$는 $\mathrm{cosec}\theta$로 나타내기도 한다.

† 삼각함수의 값의 부호는 각 $\theta$의 동경이 위치하는 사분면에 따라 정해진다.

**예** 원점 O와 점 $\mathrm{P}(-4,3)$를 지나는 동경이 $x$축의 양의 방향과 이루는 각을 $\theta$라 하면, $r = \sqrt{(-4)^2+3^2} = 5$이므로

$$\sin\theta = \frac{3}{5},\ \cos\theta = -\frac{4}{5},\ \tan\theta = -\frac{3}{4}$$

$$\csc\theta = \frac{5}{3},\ \sec\theta = -\frac{5}{4},\ \cot\theta = -\frac{4}{3}$$

† 삼각함수는 좌표로써 정의된다는 것을 알고 좌표계상에서 각도에 따른 $x$, $y$ 좌표의 값을 계산하면 주어진 각에서의 삼각함수 값을 쉽게 구할 수 있다.

## 2 삼각함수의 기본 공식

(1) 사인함수, 코사인함수, 탄젠트함수와 코시컨트함수, 시컨트함수, 코탄젠트함수의 관계식

$$\csc\theta = \frac{1}{\sin\theta},\ \sec\theta = \frac{1}{\cos\theta},\ \cot\theta = \frac{1}{\tan\theta}$$

(2) 사인함수, 코사인함수와 탄젠트함수, 코탄젠트함수의 관계식

$$\tan\theta = \frac{\sin\theta}{\cos\theta},\ \cot\theta = \frac{\cos\theta}{\sin\theta}$$

(3) 제곱 공식

$$\sin^2\theta + \cos^2\theta = 1,\ 1 + \tan^2\theta = \sec^2\theta,\ 1 + \cot^2\theta = \csc^2\theta$$

증명 ① $\tan\theta = \dfrac{y}{x} = \dfrac{(y/r)}{(x/r)} = \dfrac{\sin\theta}{\cos\theta},\ \cot\theta = \dfrac{1}{\tan\theta} = \dfrac{\cos\theta}{\sin\theta}$

② $\sin^2\theta + \cos^2\theta = \left(\dfrac{y}{r}\right)^2 + \left(\dfrac{x}{r}\right)^2 = \dfrac{x^2+y^2}{r^2} = 1\ \ (\because\ r = \sqrt{x^2+y^2}\ )$

③ $1 + \tan^2\theta = 1 + \dfrac{y^2}{x^2} = \dfrac{x^2+y^2}{x^2} = \dfrac{r^2}{x^2} = \left(\dfrac{r}{x}\right)^2 = \sec^2\theta$

④ $1 + \cot^2\theta = 1 + \dfrac{x^2}{y^2} = \dfrac{x^2+y^2}{y^2} = \dfrac{r^2}{y^2} = \left(\dfrac{r}{y}\right)^2 = \csc^2\theta$

예 (1) $\sin\theta = \dfrac{\sqrt{3}}{2}$, $\cos\theta = \dfrac{1}{2}$일 때

$$\tan\theta = \frac{\sin\theta}{\cos\theta} = \frac{(\sqrt{3}/2)}{(1/2)} = \sqrt{3}$$

(2) $\sin\theta = \dfrac{1}{2}$일 때

$$\cos\theta = \pm\sqrt{1-\sin^2\theta} = \pm\sqrt{1-(1/2)^2} = \pm\frac{\sqrt{3}}{2}$$

(3) $\tan\theta = \sqrt{3}$일 때 $\cos\theta$의 값

$$1 + \tan^2\theta = 1 + 3 = 4 = \sec^2\theta$$

$$\therefore\ \sec\theta = \pm 2$$

$$\cos\theta = \frac{1}{\sec\theta} = \pm\frac{1}{2}$$

## 3 여러 가지 각의 삼각함수 공식

(1) $-\theta$의 삼각함수

$\sin(-\theta) = -\sin\theta$, $\cos(-\theta) = \cos\theta$, $\tan(-\theta) = -\tan\theta$

(2) $\frac{\pi}{2}\pm\theta$의 삼각함수

$$\sin\left(\frac{\pi}{2}+\theta\right) = \cos\theta,\ \cos\left(\frac{\pi}{2}+\theta\right) = -\sin\theta,\ \tan\left(\frac{\pi}{2}+\theta\right) = -\cot\theta$$

$$\sin\left(\frac{\pi}{2}-\theta\right) = \cos\theta,\ \cos\left(\frac{\pi}{2}-\theta\right) = \sin\theta,\ \tan\left(\frac{\pi}{2}-\theta\right) = \cot\theta$$

(3) $\pi\pm\theta$의 삼각함수

$\sin(\pi+\theta) = -\sin\theta$, $\cos(\pi+\theta) = -\cos\theta$, $\tan(\pi+\theta) = \tan\theta$

$\sin(\pi-\theta) = \sin\theta$, $\cos(\pi-\theta) = -\cos\theta$, $\tan(\pi-\theta) = -\tan\theta$

(4) $\frac{3\pi}{2}\pm\theta$의 삼각함수

$$\sin\left(\frac{3\pi}{2}+\theta\right) = -\cos\theta,\ \cos\left(\frac{3\pi}{2}+\theta\right) = \sin\theta,\ \tan\left(\frac{3\pi}{2}+\theta\right) = -\cot\theta$$

$$\sin\left(\frac{3\pi}{2}-\theta\right) = -\cos\theta,\ \cos\left(\frac{3\pi}{2}-\theta\right) = -\sin\theta,\ \tan\left(\frac{3\pi}{2}-\theta\right) = \cot\theta$$

(5) 삼각함수의 주기성: $n$이 정수일 때

$\sin(2n\pi+\theta) = \sin\theta$, $\cos(2n\pi+\theta) = \cos\theta$, $\tan(n\pi+\theta) = \tan\theta$

**예** (1) $\sin\left(-\frac{\pi}{3}\right) = -\sin\frac{\pi}{3} = -\frac{\sqrt{3}}{2}$

(2) $\sin\left(\frac{5\pi}{6}\right) = \sin\left(\frac{\pi}{2}+\frac{\pi}{3}\right) = \cos\frac{\pi}{3} = \frac{1}{2}$

(3) $\sin\left(\frac{7\pi}{6}\right) = \sin\left(\pi+\frac{\pi}{6}\right) = -\sin\frac{\pi}{6} = -\frac{1}{2}$

(4) $\sin\left(\frac{10\pi}{6}\right) = \sin\left(\frac{3\pi}{2}+\frac{\pi}{6}\right) = -\cos\frac{\pi}{6} = -\frac{\sqrt{3}}{2}$

(5) $\sin\left(\frac{13\pi}{6}\right) = \sin\left(2\pi+\frac{\pi}{6}\right) = \sin\frac{\pi}{6} = \frac{1}{2}$

## 4 주기함수

함수 $y=f(x)$의 정의역의 모든 원소 $x$에 대하여 $f(x+p)=f(x)$를 만족하는 상수 $p$ $(p \neq 0)$가 존재할 때, $y=f(x)$를 주기함수라 하고, 상수 $p$ 중에서 최소인 양수를 그 함수의 주기라고 한다.

## 5 $y=\sin x$의 그래프

(1) 함수 $y=\sin x$의 정의역은 $\{x \mid x는\ 실수\}$, 치역은 $\{y \mid -1 \leq y \leq 1\}$

(2) 주기$=2\pi$

(3) 기함수이고 원점에 대하여 대칭

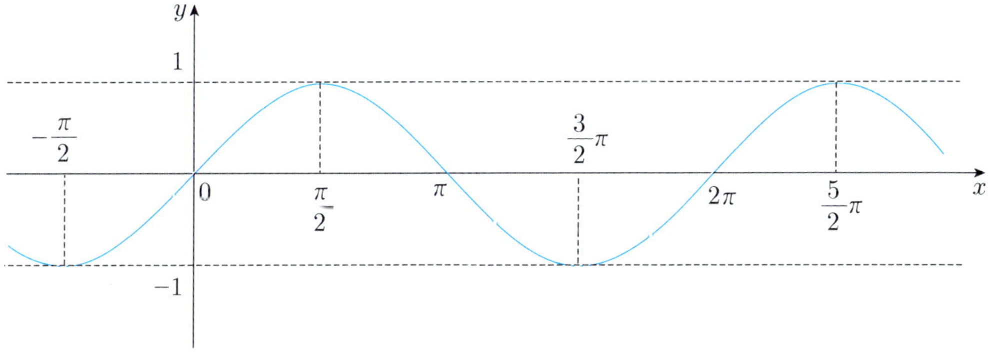


[그림 8.2.2] $y=\sin x$

예 (1) $y=2\sin x$의 최댓값은 2, 최솟값은 $-2$

(2) 좌우 대칭성: $\sin\left(\frac{\pi}{2}-\theta\right)=\sin\left(\frac{\pi}{2}+\theta\right)=\cos\theta$

$$\sin\left(\frac{3\pi}{2}-\theta\right)=\sin\left(\frac{3\pi}{2}+\theta\right)=-\cos\theta$$

## 6 $y=\cos x$의 그래프

(1) 함수 $y=\cos x$의 정의역은 $\{x \mid x는\ 실수\}$, 치역은 $\{y \mid -1 \leq y \leq 1\}$

(2) 주기$=2\pi$

(3) 우함수이고 $y$축에 대하여 대칭

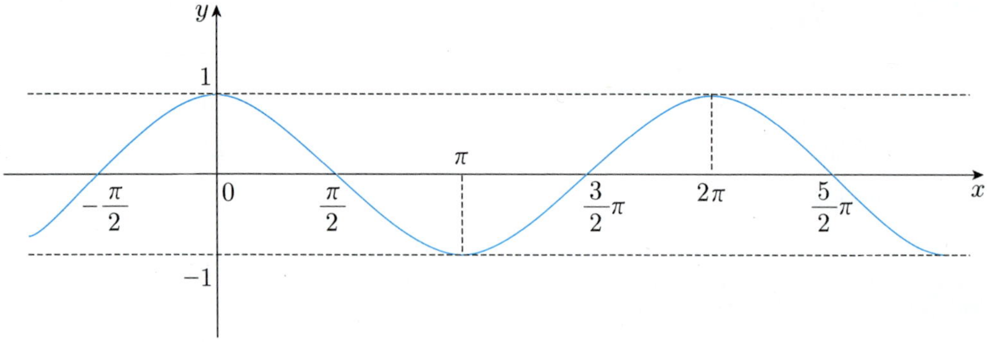


[그림 8.2.3] $y = \cos x$

## 7 $y = \tan x$의 그래프

(1) 함수 $y = \tan x$의 정의역은 $\left\{x \mid x\text{는 실수},\ x \neq \frac{\pi}{2} + n\pi,\ n\text{은 정수}\right\}$,

치역은 $\{y \mid y\text{는 실수}\}$

(2) 주기$= \pi$

(3) 기함수이고 원점에 대하여 대칭

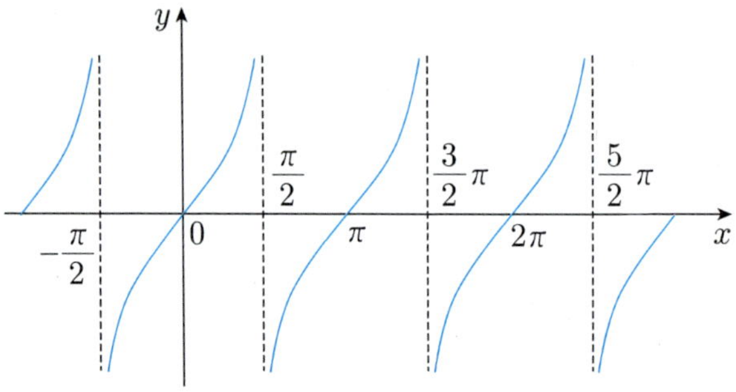


[그림 8.2.4] $y = \tan x$

## 8 $\theta = \omega x + \alpha$인 삼각함수의 성질

(1) $y = A\sin(\omega x + \alpha) + C$

(a) 주기: $\frac{2\pi}{|\omega|}$ (b) 최댓값: $|A| + C$ (c) 최솟값: $-|A| + C$

(2) $y = A\cos(\omega x + \alpha) + C$

(a) 주기: $\frac{2\pi}{|\omega|}$ (b) 최댓값: $|A|+C$ (c) 최솟값: $-|A|+C$

(3) $y=A\tan(\omega x+\alpha)+C$, $\omega x+\alpha \neq \frac{\pi}{2}+n\pi$ ($n$은 정수)

(a) 주기: $\frac{\pi}{|\omega|}$ (b) 최댓값과 최솟값은 없다.

| $y=f(\omega x+\alpha)+C$의 그래프는 $y=f(\omega x)$의 그래프를 $x$축 방향으로 $-\frac{\alpha}{\omega}$만큼, $y$축 방향으로 $C$만큼 평행이동한 그래프와 같다.

**예** (1) $y=2\sin x(3x+4)+5$의 그래프

주기는 $\frac{2\pi}{3}$, 최댓값은 7, 최솟값은 3

그래프는 $y=2\sin(3x)$의 그래프를 $x$축 방향으로 $-\frac{4}{3}$만큼, $y$축 방향으로 5만큼 평행 이동한 그래프와 같다.

(2) $y=3\tan(2x-1)-4$의 그래프

주기는 $\frac{\pi}{2}$, 최댓값과 최솟값은 없다.

그래프는 $y=3\tan(2x)$의 그래프를 $x$축 방향으로 $\frac{1}{2}$만큼, $y$축 방향으로 $-4$만큼 평행 이동한 그래프와 같다.

**예제 8.2.1** $\sin\theta=\frac{5}{13}\left(\frac{\pi}{2}<\theta<\pi\right)$일 때 $\cos\theta$와 $\tan\theta$의 값을 구하여라.

**풀이** $\sin^2\theta+\cos^2\theta=1$이므로

$$\cos\theta=\pm\sqrt{1-\sin^2\theta}=\pm\sqrt{1-\left(\frac{5}{13}\right)^2}=\pm\sqrt{\frac{144}{169}}=\pm\frac{12}{13}$$

이다. 그런데 $\frac{\pi}{2}<\theta<\pi$에서 $\cos\theta<0$이다.

$$\therefore\ \cos\theta=-\frac{12}{13},\ \tan\theta=\frac{\sin\theta}{\cos\theta}=-\frac{5}{12}$$

**예제 8.2.2** $\tan\theta+\cot\theta=4$일 때 다음 식의 값을 구하여라.

$$\frac{\csc\theta}{\sec\theta+\tan\theta}+\frac{\csc\theta}{\sec\theta-\tan\theta}$$

**풀이** $1+\tan^2\theta=\sec^2\theta$이므로 $\sec^2\theta-\tan^2\theta=1$이다.

$$\begin{aligned}\frac{\csc\theta}{\sec\theta+\tan\theta}+\frac{\csc\theta}{\sec\theta-\tan\theta} \\ &=\frac{\csc\theta(\sec\theta-\tan\theta)+\csc\theta(\sec\theta+\tan\theta)}{(\sec^2\theta-\tan^2\theta)} \\ &=2\csc\theta\sec\theta \\ &=\frac{2}{\sin\theta\cos\theta}\end{aligned}$$

주어진 관계식 $\tan\theta+\cot\theta=4$를 변형하면

$$\frac{\sin\theta}{\cos\theta}+\frac{\cos\theta}{\sin\theta}=4$$

$$\frac{\sin^2\theta+\cos^2\theta}{\cos\theta\sin\theta}=4\quad(\leftarrow\ \sin^2\theta+\cos^2\theta=1)$$

$$\therefore\ \frac{1}{\sin\theta\cos\theta}=4$$

따라서 준 식의 값은 $\dfrac{2}{\sin\theta\cos\theta}=8$이다.

**예제 8.2.3** 다음 삼각함수의 주기($p$)를 구하여라.

(1) $y=4\cos(3x-1)$

(2) $y=2\sin\left(\dfrac{1}{3}x+\dfrac{1}{4}\right)$

(3) $y=2\sin(-\pi x-3)$

(4) $y=3\tan\left(\dfrac{1}{2}x+\pi\right)$

**풀이** (1) 주기 $p=\dfrac{2\pi}{|\omega|}=\dfrac{2\pi}{3}$

(2) 주기 $p=\dfrac{2\pi}{|\omega|}=\dfrac{2\pi}{|1/3|}=6\pi$

(3) 주기 $p=\dfrac{2\pi}{|\omega|}=\dfrac{2\pi}{|-\pi|}=\dfrac{2\pi}{\pi}=2$

(4) 주기 $p=\dfrac{\pi}{|\omega|}=\dfrac{\pi}{1/2}=2\pi$

**예제 8.2.4** [삼각함수와 2차방정식] 해수면으로부터 높이 100m에 설치되어 있는 해안포에서 처음 속도 200m/s, 수평선과 30° 각도로 포탄이 발사되었다. 공기 저항을 무시할 때 다음을 구하여라.

(1) 포탄이 최고점에 도달할 때까지 걸린 시간과 발사점으로부터 최고점까지의 높이

(2) 포탄이 해수면에 떨어질 때까지 걸린 시간과 발사 지점으로부터 낙하점까지의 수평 거리

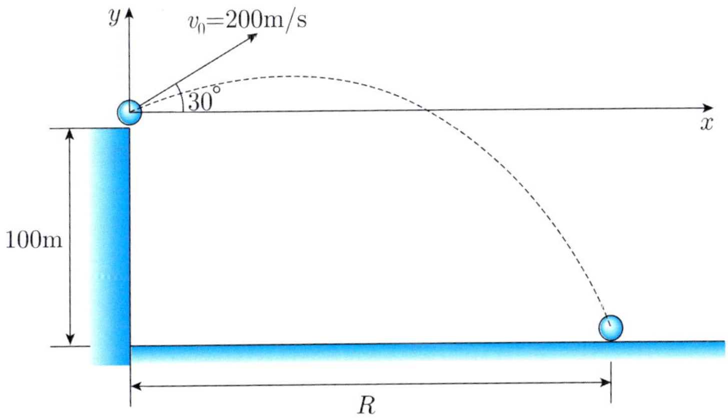


[그림 8.2.5]

**풀이** 그림과 같이 발사점을 원점으로 하여 좌표축을 잡고 포탄의 위치와 속도를 각각 $x$, $y$성분으로 분해하여 해석한다. 포탄의 처음 위치 $x_0 = 0$, $y_0 = 0$이고, 처음 속도의 성분은

$$v_{0x} = 200\cos 30° = 173.2(\text{m/s})$$
$$v_{0y} = 200\sin 30° = 100(\text{m/s})$$

이다. 수평 방향으로는 등속운동이므로 시간 $t$에서의 포탄의 위치와 속도의 $x$ 성분은

$$v_x = v_{0x} = 173.2(\text{m/s})$$
$$x = v_{0x}t = 173.2t(\text{m})$$

이고, 수직 방향으로는 $a = -g$의 등가속도 운동이므로 $y$ 성분은

$$v_y = v_{0y} - gt = 100 - 9.8t(\text{m/s})$$
$$y = v_{0y}t - \frac{1}{2}gt^2 = 100t - 4.9t^2(\text{m})$$

이다.

(1) 포탄이 최고점에 도달했을 때 연직방향속도 $v_y = 0$에서 최고점까지의 도달 시간은

$$v_y = 100 - 9.8t = 0$$

$$\therefore\ t = \frac{100}{9.8} = 10.2(\mathrm{s})$$

이고, 이때 최고점의 높이는 다음과 같다.

$$y_{\max} = 100t - 4.9t^2 = 100 \times 10.2 - 4.9 \times (10.2)^2 = 510.2(\mathrm{m})$$

(2) 포탄이 해수면에 떨어졌을 때 포탄의 위치 $y = -100\mathrm{m}$이다. 따라서 다음과 같은 2차방정식으로부터 포탄이 해수면에 떨어질 때까지 걸린 시간($t$)이 구해진다.

$$y = 100t - 4.9t^2 = -100$$

$$4.9t^2 - 100t - 100 = 0$$

$$\therefore\ t = \frac{100 + \sqrt{(-100)^2 + 4 \times 4.9 \times 100}}{2 \times 4.9} = 21.36(\mathrm{s})\ \ (\because\ t > 0)$$

즉, 포탄이 해수면에 떨어질 때까지 걸린 시간은 21.36초이고, 이때 발사 지점으로부터 낙하점까지의 수평 거리는

$$x = 173.2t = 173.2 \times 21.36 = 3699.6(\mathrm{m})$$

이다.

**예제 8.2.5** 그림과 같이 A점에서 초기속도 400m/s로 수평선에 대하여 60° 경사각으로 물체를 쏘아 올렸다. 지면의 수평선에 대한 경사각이 20°일 때 A점으로부터 물체가 지면에 떨어진 지점 B까지 거리 $L$을 구하여라.

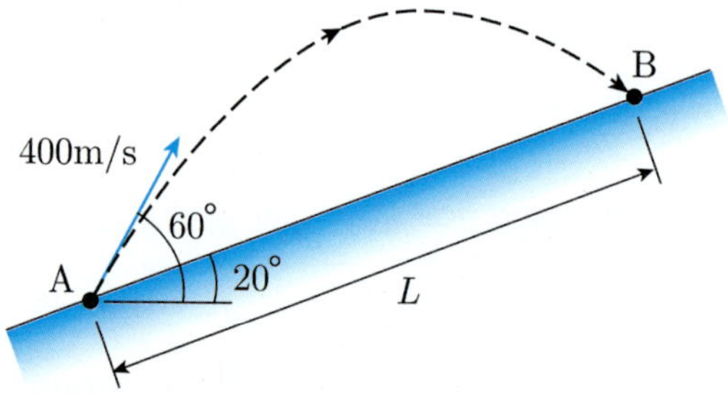


[그림 8.2.6]

**풀이** 물체가 떨어질 때까지 걸린 시간을 $t$라 하면 수평 비행거리로부터

$$x = v_{0x}t = v_0\cos60°t$$

$$\therefore \; L\cos20° = v_0\cos60°t \qquad \cdots ①$$

이고, 수직 비행거리로부터

$$y = v_{0y}t - \frac{1}{2}gt^2 = v_0\sin60°t - \frac{1}{2}gt^2 \qquad \cdots ②$$

$$\therefore \; L\sin20° = v_0\sin60°t - \frac{1}{2}gt^2 \qquad \cdots ②$$

이다. ②÷①을 하면

$$\tan20° = \tan60° - \frac{gt}{2v_0\cos60°}$$

$$\therefore \; t = \frac{2v_0\cos60°}{g} \times (\tan60° - \tan20°)$$
$$= \frac{2\times400\times\cos60°}{9.8} \times (\tan60° - \tan20°) = 55.8[\mathrm{s}]$$

이고, 식 ①로부터 A점으로부터 물체가 지면에 떨어진 지점 B까지 거리 $L$은 다음과 같다.

$$L = \frac{v_0\cos60°t}{\cos20°} = \frac{400\times\cos60°\times55.8}{\cos20°} = 11,876[\mathrm{m}]$$

## 연습문제 8.2

**01** 점 P의 좌표가 다음과 같을 때 동경 OP가 $x$축의 양의 방향과 이루는 각 $\theta$에 대하여 $\sin\theta$, $\cos\theta$, $\tan\theta$의 값을 구하여라. 단, 점 O는 원점을 나타낸다.

(1) $(5,\ 12)$　　　　(2) $(-4,\ 3)$

**02** 다음의 $\theta$에 대하여 $\sin\theta$, $\cos\theta$, $\tan\theta$의 값을 구하여라.

(1) $\theta=\dfrac{5\pi}{6}$　　　　(2) $\theta=-\dfrac{9\pi}{4}$

**03** $\tan\theta=\dfrac{2}{3}$ $\left(\pi<\theta<\dfrac{3\pi}{2}\right)$일 때 $\sin\theta$, $\cos\theta$의 값을 구하여라.

**04** $\sin\theta-\cos\theta=\dfrac{\sqrt{3}}{2}$일 때 $\sin\theta+\cos\theta$의 값을 구하여라.

**05** $\tan\theta+\cot\theta=3$일 때 다음 식의 값을 구하여라.

(1) $\tan\theta-\cot\theta$　　　　(2) $\tan^2\theta+\cot^2\theta$

† $\left(x-\dfrac{1}{x}\right)^2=\left(x+\dfrac{1}{x}\right)^2-4$, $\cot\theta=\dfrac{1}{\tan\theta}$

**06** $\sin\theta\cos\theta=-\dfrac{\sqrt{3}}{4}$일 때 $\sin\theta+\cos\theta$의 값을 구하여라.

† $(\sin\theta+\cos\theta)^2=\sin^2\theta+\cos^2\theta+2\sin\theta\cos\theta$, $(\sqrt{3}\pm1)^2=4\pm2\sqrt{3}$

**07** $y=\sin^2\theta+\cos\theta+2$ $(0\le\theta\le2\pi)$의 최댓값과 최솟값을 구하여라.

† $\sin^2\theta+\cos^2\theta=1$, $-1\le\sin\theta\le1$, $-1\le\cos\theta\le1$이다.

# 제9장 쌍곡선함수

## 9.1 쌍곡선함수(hyperbolic function)의 정의[5)]

밑을 $e$로 하는 지수함수 $y=e^{x}$와 $y=e^{-x}$의 결합으로 이루어지는 함수를 다음과 같이 정의하고 이들을 통틀어 쌍곡선함수라 한다.

$$\sinh x=\frac{e^{x}-e^{-x}}{2},\quad \cosh x=\frac{e^{x}+e^{-x}}{2},\quad \tanh x=\frac{\sinh x}{\cosh x}$$

$$\operatorname{sech} x=\frac{1}{\cosh x},\quad \operatorname{csch} x=\frac{1}{\sinh x},\quad \coth x=\frac{1}{\tanh x}$$

이상의 함수를 각각 쌍곡선 sine함수, 쌍곡선 cosine함수, 쌍곡선 tangent함수, 쌍곡선 secant함수, 쌍곡선 cosecant함수, 쌍곡선 cotangent함수라 한다.

## 9.2 쌍곡선함수의 성질

(1) $\sinh(-x)=-\sinh x,\ \cosh(-x)=\cosh x,\ \tanh(-x)=-\tanh x$

(2) $\cosh x+\sinh x=e^{x},\ \cosh x-\sinh x=e^{-x}$

(3) $\cosh^{2}x-\sinh^{2}x=1,\ \tanh^{2}x+\operatorname{sech}^{2}x=1,\ \coth^{2}x-\operatorname{csch}^{2}x=1$

(4) $\sinh(x\pm y)=\sinh x\cosh y\pm\cosh x\sinh y$ (복호동순)

$\cosh(x\pm y)=\cosh x\cosh y\pm\sinh x\sinh y$ (복호동순)

$\tanh(x\pm y)=\dfrac{\tanh x\pm\tanh y}{1\pm\tanh x\tanh y}$ (복호동순)

(5) $\sinh 2x=2\sinh x\cosh x,\ \sinh^{2}x=\dfrac{\cosh 2x-1}{2},\ \cosh^{2}x=\dfrac{\cosh 2x+1}{2}$

† 쌍곡선함수는 삼각함수와 유사한 관계식을 갖는다.

5) 일반적으로 쌍곡선 함수는 고등학교 때 배우지 않으므로 여기에서 소개한다. 쌍곡선 함수의 정의는 알아두도록 한다.

## 9.3 쌍곡선함수의 그래프

쌍곡선함수 $y=\sinh x$, $y=\cosh x$, $y=\tanh x$, $y=\coth x$의 모양은 다음 그림과 같다.

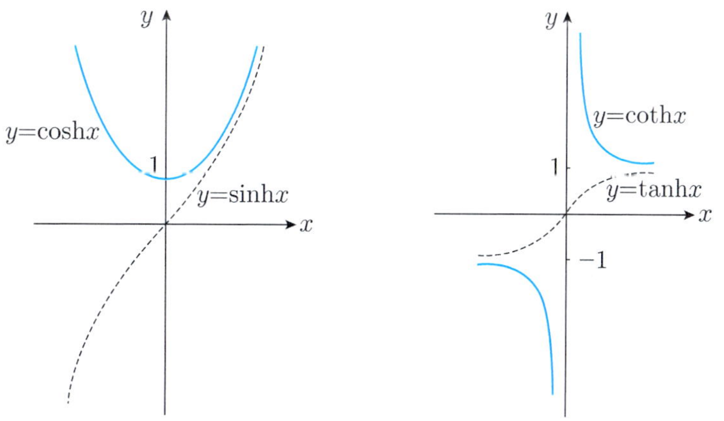


[그림 9.1]

## 9.4 역쌍곡선함수

쌍곡선함수의 역함수를 역쌍곡선함수(inverse hyperbolic function)라 하고, $y=\sinh^{-1}x$, $y=\cosh^{-1}x$, $y=\tanh^{-1}x$ 또는 $y=\operatorname{arc}\sinh x$, $y=\operatorname{arc}\cosh x$, $y=\operatorname{arc}\tanh x$로 나타낸다. 역쌍곡선함수는 다음과 같이 로그함수로 표현된다.

$$\sinh^{-1}x=\ln(x+\sqrt{x^2+1})$$

$$\cosh^{-1}x=\ln(x+\sqrt{x^2-1})\quad (x\ge 1)$$

$$\tanh^{-1}x=\frac{1}{2}\ln\frac{1+x}{1-x}\quad (|x|<1)$$

**예제 9.1** $\cosh(-x)=\cosh x$, $\sinh(-x)=-\sinh x$임을 보여라.

**풀이** $\cosh(-x)=\dfrac{e^{-x}+e^{-(-x)}}{2}=\dfrac{e^{-x}+e^{x}}{2}=\cosh x$

$$\sinh(-x)=\frac{e^{-x}-e^{-(-x)}}{2}=\frac{e^{-x}-e^{x}}{2}=-\left(\frac{e^{x}-e^{-x}}{2}\right)=-\sinh x$$

**예제 9.2** $\cosh^2 x - \sinh^2 x = 1$임을 증명하여라.

**풀이** $$\cosh^2 x - \sinh^2 x = \left(\frac{e^x + e^{-x}}{2}\right)^2 - \left(\frac{e^x - e^{-x}}{2}\right)^2$$

$$= \frac{e^{2x} + 2 + e^{-2x}}{4} - \frac{e^{2x} - 2 + e^{-2x}}{4}$$

$$(\leftarrow e^x \times e^{-x} = e^{x-x} = e^0 = 1)$$

$$= \frac{e^{2x} + 2 + e^{-2x} - e^{2x} + 2 - e^{-2x}}{4} = \frac{2+2}{4} = 1$$

**예제 9.3** $\sinh\alpha = \frac{3}{4}$일 때 $\cosh\alpha$, $\tanh\alpha$를 구하여라.

**풀이** $$\cosh^2\alpha = 1 + \sinh^2\alpha = 1 + \left(\frac{3}{4}\right)^2 = \frac{16+9}{16} = \frac{25}{16}$$

$$\therefore \cosh\alpha = \frac{5}{4} \quad \left(\leftarrow \cosh\alpha = \frac{e^{\alpha} + e^{-\alpha}}{2} > 0 \text{ 이므로 } \cosh\alpha \neq -\frac{5}{4}\right)$$

$$\therefore \tanh\alpha = \frac{\sinh\alpha}{\cosh\alpha} = \frac{3}{5}$$

**예제 9.4** $\sinh^{-1}x = \ln(x + \sqrt{x^2+1})$임을 증명하여라.

**풀이** $y = \sinh x = \dfrac{e^x - e^{-x}}{2}$에서 $x$를 구한다.

$y = \dfrac{e^x - e^{-x}}{2}$의 양변에 $2e^x$를 곱하여 정리하면

$$(e^x)^2 - 2ye^x - 1 = 0$$

이다. 이 식은 $e^x$에 대한 2차방정식이므로 근의 공식에 의해

$$e^x = y \pm \sqrt{y^2+1}$$

이 된다. 여기에서 $e^x > 0$이므로 $y - \sqrt{y^2+1} < 0$는 $e^x$가 되지 않는다. 따라서

$$e^x = y + \sqrt{y^2+1}$$

이다. 이 식의 양변의 자연로그를 잡으면

$$x = \ln(y + \sqrt{y^2 + 1})$$

이고, 여기에서 $x$와 $y$를 바꾸면

$$y = \ln(x + \sqrt{x^2 + 1})$$

이므로 $y = \sinh x$의 역함수 $\sinh^{-1} x = \ln(x + \sqrt{x^2 + 1})$이다.

# 연습문제 9

**01** $\cosh\alpha = \sqrt{2}$일 때 $\sinh\alpha$와 $\tanh\alpha$의 값을 구하여라.

† $y = \cosh x$는 우함수($y$축에 대하여 대칭)이므로 $\cosh\alpha = \sqrt{2}$가 되는 $\alpha$는 2개 존재한다.

**02** 쌍곡선함수의 정의로부터 다음 값을 구하여라.

(1) $\cosh(\ln 2)$ (2) $\sinh(\ln 2)$ (3) $\tanh(\ln 3)$

† 로그의 정의에 의해 $e^{\ln X} = X$이다.

**03** $\tanh^2 x + \operatorname{sech}^2 x = 1$을 증명하여라.

† $\cosh^2 x - \sinh^2 x = 1$이다.

**04** 쌍곡선 함수의 정의로부터 다음 관계식이 성립함을 보여라.

$$\begin{aligned}\cosh 2x &= \cosh^2 x + \sinh^2 x \\ &= 2\cosh^2 x - 1 \\ &= 2\sinh^2 x + 1\end{aligned}$$

**05** 쌍곡선함수의 정의로부터 $\cosh(x+y) = \cosh x \cosh y + \sinh x \sinh y$가 성립함을 보여라.

**06** 계산기를 사용하여 다음 값을 구하여라.

(1) $\sinh(1)$ (2) $\cosh(1)$ (3) $\tanh(1)$

(4) $\sinh^{-1}(1)$ (5) $\cosh^{-1}(2)$ (6) $\tanh^{-1}(0.5)$

† 일반적으로 계산기에서는 hyp 버튼으로써 쌍곡선함수 값을 계산할 수 있게 한다. 부록 [A-1] 참고.

## [쉬어 가기] 수학을 만든 조상님들이 원망스러워요

그림과 같은 직사각형 핀(fin)을 통한 일차원적 전도(conduction)와 대류(convection) 열전달에서 핀의 온도 분포($\theta$)와 핀을 통한 방열량($q$)은 다음과 같이 구해진다. 여기에서 $\theta = T - T_\infty$, $\theta_0 = T_0 - T_\infty$ 이다.

$$\frac{\theta}{\theta_0} = \frac{e^{-mx}}{1+e^{-2mL}} + \frac{e^{mx}}{1+e^{2mL}} \quad \cdots ①$$

$$q = -\sqrt{hPkA}\,\theta_0\left(\frac{1}{1+e^{-2mL}} - \frac{1}{1+e^{2mL}}\right) \quad \cdots ②$$

식 ①, ②를 쌍곡선함수로 나타내면 다음과 같이 간단하게 쓸 수 있다.

$$\frac{\theta}{\theta_0} = \frac{\cosh[m(L-x)]}{\cosh(mL)} \quad \cdots ③$$

$$q = -\sqrt{hPkA}\,\theta_0 \tanh(mL) \quad \cdots ④$$

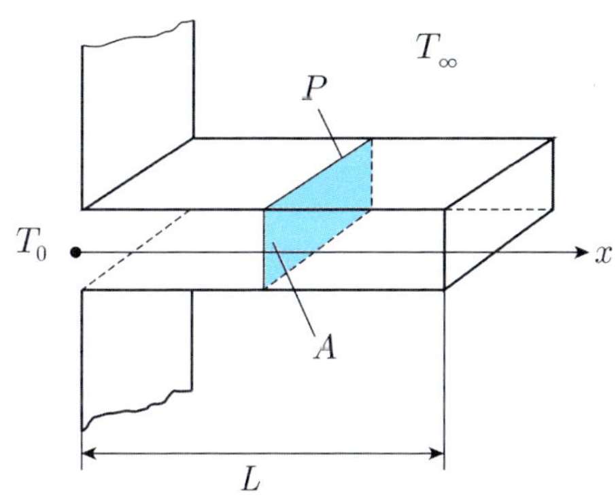


[그림] 직사각형 핀

한편 이 경우에 대해 핀 효율(fin efficiency)은 $\eta_f = \dfrac{\tanh(mL)}{mL}$ 로 간단하게 표현된다.

우리는 유치원 때부터 시작하여 오랫동안 수학을 배워왔다. 학년이 높아질수록 어려운 것을 자꾸 자꾸 새롭게 배우게 되는데 그때 한번쯤은 이런 생각을 할 수 있을 것이다.

"왜 조상님들은 이런 것들(로그, 삼각함수, 미분, 적분, …)을 만들어서 우리를 고생시키나?"[6]

---

6) 좀 비하해서 "이런 것들, 그런 것들"로 표현하였다. 여러분들 중에 많은 사람은 수학을 정말 싫어했을 것이다.

이에 대한 답, 그 이유는 간단하다. 그런 것들은(수학은) 우리를 편리하게 만들기 때문이다. 위의 예에서 보듯이 쌍곡선함수는 지수함수로 표현되는 복잡한 식을 간단하게 쓸 수 있게 한다. 하나의 예를 더 들어보자.

**문제** $\{1, 2, 3, 4, 5, 6, 7, 8, 9, 10\}$에서 세 개의 서로 다른 수를 뽑아낼 수 있는 방법은 몇 가지인가?

초등학생이나 중학생은 다음과 같이 경우의 수를 헤아려서 그 답을 구하려 할 것이다.

"$\{1, 2, 3\}$, $\{1, 2, 4\}$, $\cdots \{2, 3, 4\}$, $\{2,3,5\}$ $\cdots$ 전부 몇 가지."

숫자가 $4 \sim 6$개 정도 되면 이와 같은 방법으로 정답을 구할 수 있을 것이지만 아마도 이 문제의 경우에는 중도에 포기하고 말 것이다. 또한 끝까지 따져서 답을 구했다 하더라도 하나도 빠뜨리지 않고 모든 경우를 헤아리기는 어려울 것이다. 그러나 조합 기호를 배운 고등학생은 다음과 같이 이 문제를 너무도 쉽게 풀 수 있다.

$$ {}_{10}\mathrm{C}_3 = \frac{10 \times 9 \times 8}{3 \times 2 \times 1} = 120(\text{가지}) $$

이와 같이 수학은 우리를 편리하게 만들어준다. 그리고 특히 공학 문제에서는 수식에 대한 개념이 중요하다. 간단한 예로서 다음 문제를 보자.

**문제** 형의 나이는 동생보다 3살 많고 둘의 나이를 합하면 27살이다. 형과 동생의 나이를 구하여라.

똑똑한 유치원생은 다음과 같이 여러 경우를 생각해보고 답을 구할 것이다.

"동생이 3살이면 형은 6살, 동생이 4살이면 형은 7살$\cdots$."

그렇지만 연립방정식을 배운 중학생은 다음과 같이 간단하게 답을 구할 수 있다.

동생 나이를 $x$, 형 나이를 $y$라 하면

$$ y = x + 3 $$

$$ x + y = 27 $$

이 식을 풀면 $x = 12$, $y = 15$

이와 같이 주어진 조건을 수식으로 표현하고 그 수식을 풀어서 구하고자 하는 것을 얻는 방법에 익숙해지도록 하자. 수식은 참 편리한 도구이다. 하나의 예를 더 들어보자. 흔히 가속도의 법칙이라고 하는 뉴턴 제2법칙을 말로 표현하면 다음과 같다.

물체의 가속도($a$)는 물체에 가해진 순 힘($F$, net force)에 비례하고
물체의 질량($m$)에 반비례한다. …①

이것을 수식으로 나타내면 다음과 같이 간단하게 표현된다.

$$F = ma \qquad \cdots ②$$

뉴턴 제2법칙을 기술할 때 ①과 같이 길게 말해야 하는 것을 ②와 같이 간단명료하게 표현할 수 있다. 이와 같이 수식은 우리를 편리하게 만든다. 특히 공학을 하려는 학생들은 수식을 많이 다루고 수식에 익숙해지도록 하자. 그리고 공과대학 학부 과정에서 전공을 공부할 때 필요한 수학적 지식은 그렇게 많지 않다. 간단한 일차 연립 방정식, 지수법칙과 로그의 정의, 피타고라스 정리와 삼각비의 정의, 기본적인 미분과 적분공식($\int \frac{1}{x}dx = \ln x$) 몇 개만 알아도 충분하다.

"수학에 대한 기초가 약해서…."라고 핑계를 대지 말자.

입학하기 전에 수식에 대한 개념을 충분히 익히고, 전공과정에서 전공과목을 열심히 공부하여 실력 있는 공학도가 되도록 하자.

## [참고] 순열과 조합

(1) 순열: 서로 다른 $n$개의 원소에서 $r$개를 뽑아서 순서 있게 늘어놓는 것을 $n$개에서 $r$개를 택하는 순열(Permutation)이라고 한다. 이 순열의 수를 ${}_n\mathrm{P}_r$로 나타내며 다음과 같이 계산한다.

$${}_n\mathrm{P}_r = n(n-1)(n-2)\times\cdots\times(n-r+1) = \frac{n!}{(n-r)!}$$

여기에서 $n! = n(n-1)(n-2)\times\cdots\times 3\times 2\times 1 = {}_n\mathrm{P}_n$이며, 이것을 $n$의 계승 또는 $n$ factorial이라 한다.

(2) 조합: 서로 다른 $n$개의 원소에서 순서를 생각하지 않고 $r$개를 뽑을 때, 이 $r$개로 이루어진 각각의 집합을 $n$개에서 $r$개를 택하는 조합(Combination)이라고 한다. 이 조합의 수를 ${}_n\mathrm{C}_r$로 나타내며 다음과 같이 계산한다.

$${}_n\mathrm{C}_r = \frac{{}_n\mathrm{P}_r}{r!} = \frac{n!}{r!(n-r)!}$$

# 제10장 벡터

# 10.1 벡터와 스칼라

## 1 스칼라량

거리, 넓이, 부피, 시간, 밀도, 질량, 온도, 에너지, 속력 등과 같이 크기만으로 나타낼 수 있는 물리량을 스칼라량(scalar quantity)이라 한다.

## 2 벡터양

변위, 힘, 모멘트, 운동량, 속도, 가속도, 자기력 등과 같이 크기와 방향을 갖는 물리량을 벡터양(vector quantity)이라 한다.

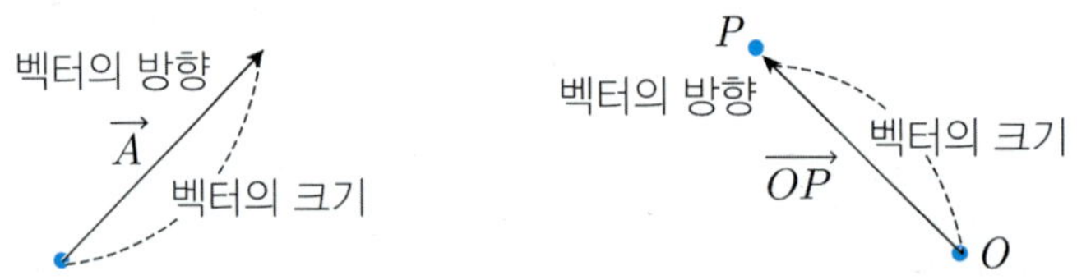


[그림 10.1] 벡터

† 변위(變位, displacement): 위치를 바꾼 물체의 나중 위치와 처음 위치의 차이를 나타내는 벡터양이다. 처음 위치와 나중 위치를 각각 $\overrightarrow{r_1}$, $\overrightarrow{r_2}$라 하면 변위($\Delta\overrightarrow{r}$)는 $\Delta\overrightarrow{r} = \overrightarrow{r_2} - \overrightarrow{r_1}$이다.

벡터를 그림으로 표시할 때는 [그림 10.1]과 같이 화살표를 사용하여 나타내며, 기호로 표시할 때는 일반적으로 $\overrightarrow{A}$, $\overrightarrow{OP}$ 등과 같이 문자 위에 방향을 의미하는 화살표를 붙여서 나타낸다. 그림에서 $\overrightarrow{OP}$는 벡터의 방향이 점 $O$에서 $P$로 향하고 있음을 나타낸다. 벡터 $\overrightarrow{A}$의 크기를 나타낼 때 수학에서는 $|\overrightarrow{A}|$와 같이 절댓값으로 나타내지만 간편하게 $A$로 나타내기도 한다. 일반적으로 힘 $\overrightarrow{F}$의 크기를 $F$로 나타낸다.

# 10.2 벡터의 덧셈과 뺄셈

## 1 덧셈

두 벡터 $\overrightarrow{P}$, $\overrightarrow{Q}$의 합 $\overrightarrow{P}+\overrightarrow{Q}=\overrightarrow{R}$은 [그림 10.2]와 같은 평행사변형법이나 삼각형법으로 정의된다.

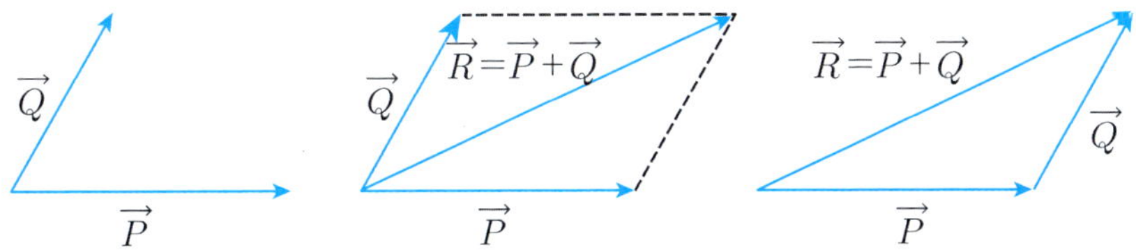


[평행사변형법] [삼각형법]

[그림 10.2] 평행사변형법과 삼각형법

벡터의 덧셈에 대해서 다음과 같이 교환법칙과 결합법칙이 모두 성립한다.

○ 교환법칙: $\overrightarrow{P}+\overrightarrow{Q}=\overrightarrow{Q}+\overrightarrow{P}$ $\cdots(10.1)$

○ 결합법칙: $\overrightarrow{P}+(\overrightarrow{Q}+\overrightarrow{R})=(\overrightarrow{P}+\overrightarrow{Q})+\overrightarrow{R}$ $\cdots(10.2)$

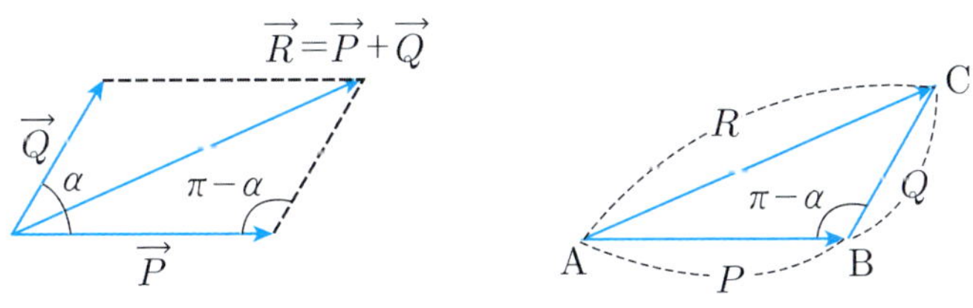


(a) (b)

[그림 10.3] 벡터의 합

[그림 10.3(a)]와 같은 두 벡터 $\overrightarrow{P}$와 $\overrightarrow{Q}$에서 평행사변형법 또는 삼각형법에 의한 두 벡터의 합 $\overrightarrow{R}=\overrightarrow{P}+\overrightarrow{Q}$의 크기($R$)는 [그림 10.3(b)]의 삼각형 ABC에서 빗변 AC의 길이가 된다. 두 벡터 $\overrightarrow{P}$와 $\overrightarrow{Q}$가 이루는 각을 $\alpha$라 하면 [그림 10.3(b)]에서 $\angle B=\pi-\alpha$이다. 여기에서 코사인 제2법칙을 적용하면 다음과 같이 두 벡터 합의 크기($R$)가 구해진다.

$$\begin{aligned} R^2 &= P^2+Q^2-2PQ\cos(\pi-\alpha) \\ &= P^2+Q^2+2PQ\cos\alpha \end{aligned}$$

$$\therefore \quad R = \sqrt{P^2 + Q^2 + 2PQ\cos\alpha}$$

여기에서 $P$와 $Q$는 각각 벡터 $\overrightarrow{P}$와 $\overrightarrow{Q}$의 크기를 나타낸다.

**예제 10.2.1** [그림 10.4(a)]와 같은 방향을 갖는 두 벡터 $\overrightarrow{P}$, $\overrightarrow{Q}$가 있다. 벡터의 크기 $P = 7\text{N}$, $Q = 4\text{N}$ 이고 두 벡터가 서로 직각으로 작용할 때 두 벡터의 합 $\overrightarrow{R} = \overrightarrow{P} + \overrightarrow{Q}$의 크기와 방향을 구하여라.

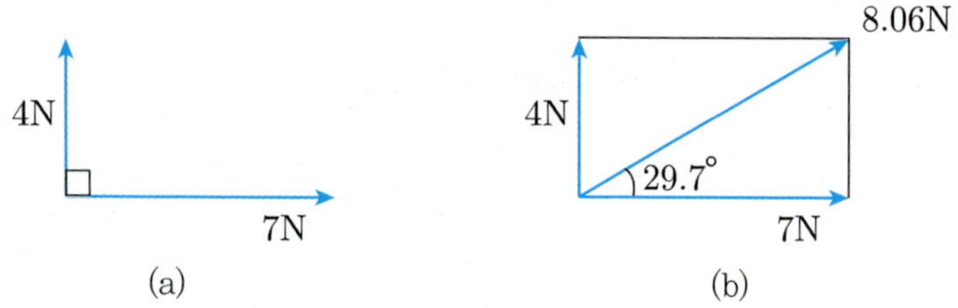


[그림 10.4] 두 벡터의 합

**풀이** 두 벡터가 서로 직각으로 작용하므로 평행사변형법에 의해 두 벡터의 합의 크기는 두 벡터가 이루는 직사각형의 대각선 길이와 같다.

○ 벡터 합의 크기: $R = \sqrt{P^2 + Q^2} = \sqrt{7^2 + 4^2} = 8.06\,(\text{N})$

○ 벡터 합의 방향: $\beta = \tan^{-1}\left(\dfrac{Q}{P}\right) = \tan^{-1}\left(\dfrac{4}{7}\right) = 29.7°$

벡터 합 $\overrightarrow{R} = \overrightarrow{P} + \overrightarrow{Q}$을 도시하면 [그림 10.4(b)]와 같다.

## 2 뺄셈

벡터의 뺄셈은 [그림 10.5]와 같이 음(−)의 벡터를 더한 것으로 정의한다.

$$\overrightarrow{P} - \overrightarrow{Q} = \overrightarrow{P} + (-\overrightarrow{Q}) \quad \cdots(10.3)$$

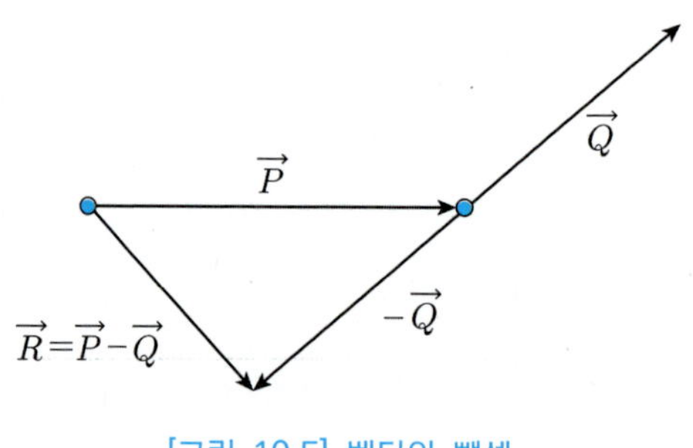


[그림 10.5] 벡터의 뺄셈

# 10.3 벡터의 성분

## 1 단위벡터

단위벡터는 크기가 1인 벡터로서 차원과 단위가 없다. 단위 벡터의 근본 목적은 벡터의 방향을 결정하는 것이다. $(x, y, z)$ 직각 좌표계에서 각 축의 양의 방향으로 단위벡터를 정의하며 일반적으로 $\vec{i}$ $\vec{j}$, $\vec{k}$로 표시한다. 여기에서 [그림 10.6]과 같은 직각좌표계를 오른손 직각좌표계라 한다. 이 좌표계를 어떻게 회전시키더라도 오른손 좌표계로 유지된다.

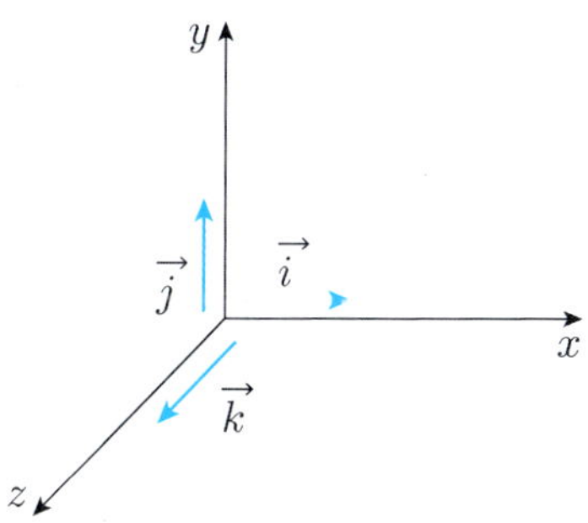


[그림 10.6] 단위벡터

## 2 벡터 성분

직각좌표계에서 $x, y, z$ 방향의 단위벡터를 각각 $\vec{i}$, $\vec{j}$, $\vec{k}$라 하면 벡터 $\vec{V}$는 다음과 같이 표현된다.

$$\vec{V} = V_x \vec{i} + V_y \vec{j} + V_z \vec{k} \quad \cdots (10.4)$$

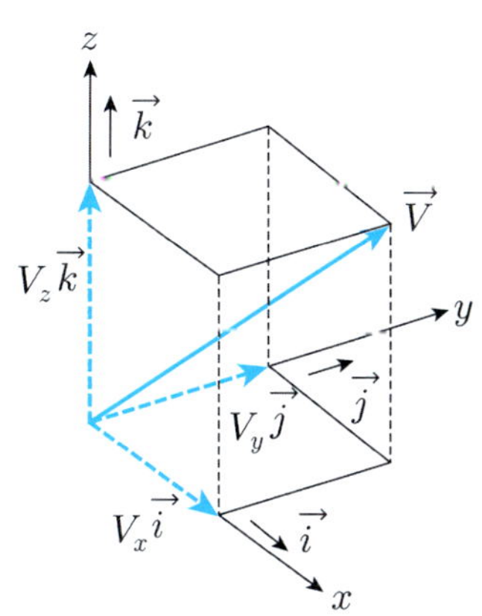


[그림 10.7] 벡터 성분

[그림 10.7]과 같이 벡터 $\overrightarrow{V}$를 직각좌표계를 이용하여 분해한 벡터 $\overrightarrow{V_x}$, $\overrightarrow{V_y}$, $\overrightarrow{V_z}$를 각각 벡터 $\overrightarrow{V}$의 $x$, $y$, $z$ 벡터성분이라 한다. $x$, $y$, $z$ 방향의 단위 벡터를 각각 $\vec{i}$, $\vec{j}$, $\vec{k}$라 하면 $\overrightarrow{V_x}= V_x\vec{i}$, $\overrightarrow{V_y}= V_y\vec{j}$, $\overrightarrow{V_z}= V_z\vec{k}$로 쓸 수 있으므로 $V_x$, $V_y$, $V_z$를 각각 벡터 $\overrightarrow{V}$의 $x$, $y$, $z$ 스칼라성분이라 한다.

## 3 직각좌표계를 이용한 벡터 성분 분해

벡터를 분해할 때 벡터 성분의 방향은 임의로 정할 수 있지만 일반적으로 직각좌표계를 이용하여 서로 수직인 성분(직각 성분)으로 분해하는 것이 편리하다.

하나의 벡터 $\vec{F}$를 직각좌표계를 이용하여 분해한 두 벡터 $\overrightarrow{F_x}$, $\overrightarrow{F_y}$를 벡터 $\vec{F}$의 $x$와 $y$ 벡터성분이라 하고, $x$, $y$축 방향의 단위벡터를 각각 $\vec{i}$, $\vec{j}$라 하면 $\overrightarrow{F_x}= F_x\vec{i}$, $\overrightarrow{F_y}= F_y\vec{j}$로 쓸 수 있으므로 $F_x$, $F_y$를 $\vec{F}$의 $x$, $y$ 스칼라성분이라 한다[그림 10.8]. $\vec{F}$가 $x$축과 이루는 각이 $\theta$이면 $\vec{F}$는 다음과 같이 분해된다.

$$\vec{F}= F(\cos\theta\,\vec{i}+\sin\theta\,\vec{j}\,) \qquad \cdots(10.5a)$$

$$F_x = F\cos\theta\,,\ F_y = F\sin\theta \qquad \cdots(10.5b)$$

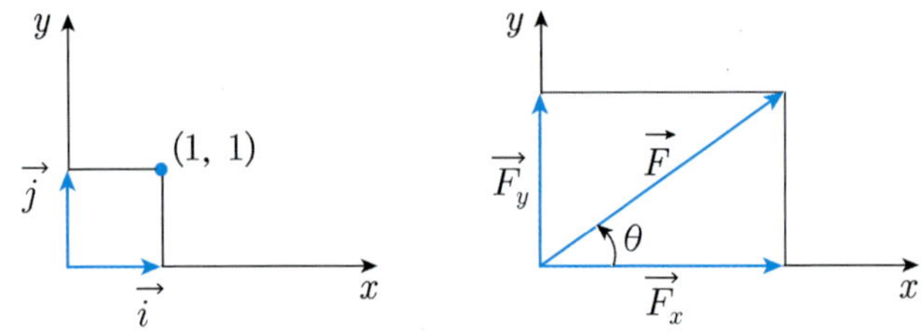


[단위벡터]

[그림 10.8] 벡터의 성분분해

**설명** 삼각함수의 정의에 의하여 $\vec{F}$의 스칼라성분은

$$F_x = F\cos\theta,\ F_y = F\sin\theta$$

이다. 단위벡터 $\vec{i}$, $\vec{j}$는 각각 방향이 $x$축, $y$축이고 크기가 1인 벡터이므로 $\overrightarrow{F_x}= F_x\vec{i}$, $\overrightarrow{F_y}= F_y\vec{j}$로 쓸 수 있다. 따라서

$$\vec{F}= \overrightarrow{F_x} + \overrightarrow{F_y}= F(\cos\theta\,\vec{i}+\sin\theta\,\vec{j}\,)$$

이다. 스칼라성분 $F_x$, $F_y$는 $\vec{F}$의 방향에 따라 양(+), 음(−) 또는 0의 값을 갖는다. [그림 10.8]의 벡터는 $x$, $y$ 스칼라성분이 모두 양이며, $F_x$, $F_y$를 알 때 $\vec{F}$의 크기와 $\vec{F}$가 $x$축과 이루는 각 $\theta$는 다음과 같이 구할 수 있다.

$$F = \sqrt{F_x^2 + F_y^2} \qquad \cdots(10.6a)$$

$$\theta = \tan^{-1}\left(\frac{F_y}{F_x}\right) \qquad \cdots(10.6b)$$

**예제 10.3.1** [그림 10.9(a)]와 같이 점 A에 작용하는 힘 $\vec{F}$가 있다. $\vec{F}$의 크기가 60N일 때 $\vec{F}$이 $x$, $y$ 스칼라성분을 구하고 단위벡터 $\vec{i}$, $\vec{j}$를 이용하여 $\vec{F}$를 벡터로 표현하여라. 한 눈금의 크기는 1cm이다.

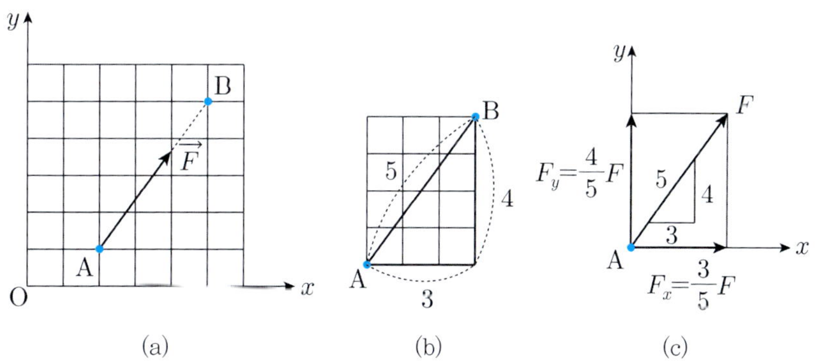


[그림 10.9] 벡터의 성분

**풀이** [그림 10.9(a)]에서 $\vec{F}$의 작용선이 점 B와 만나고 있으므로 이 선이 $x$축 및 $y$축과 평행한 선으로 구성되는 직각삼각형은 [그림 10.9(b)]와 같다. 따라서 삼각형의 닮음에 의해 $\vec{F}$는 [그림 10.9(c)]와 같이 분해된다. 즉, $\vec{F}$의 $x$ 스칼라성분($F_x$)과, $y$ 스칼라성분($F_y$)은

$$F_x = \frac{3}{5}F = \frac{3}{5}\times(60\,\text{N}) = 36\,\text{N}$$

$$F_y = \frac{4}{5}F = \frac{4}{5}\times(60\,\text{N}) = 48\,\text{N}$$

이고, 주어진 힘 $\vec{F}$는 다음과 같이 표현된다.

$$\vec{F} = F_x\vec{i} + F_y\vec{j} = 36\vec{i} + 48\vec{j} \ \ (\text{N})$$

## 4 벡터 성분으로 벡터 더하기

성분으로 분해된 벡터 $\overrightarrow{F_1}$, $\overrightarrow{F_2}$, $\cdots$, $\overrightarrow{F_n}$의 합 $\overrightarrow{R}$의 스칼라성분은 각 스칼라성분들의 대수적인 합으로 구할 수 있다.

$$\overrightarrow{F_1} = F_{1x}\vec{i} + F_{1y}\vec{j}\,,\ \overrightarrow{F_2} = F_{2x}\vec{i} + F_{2y}\vec{j}\,,\ \cdots\cdots,\ \overrightarrow{F_n} = F_{nx}\vec{i} + F_{ny}\vec{j}$$

이고 이들의 합을 $\overrightarrow{R} = R_x\vec{i} + R_y\vec{j}$ 이라고 하면

$$\overrightarrow{R} = \overrightarrow{F_1} + \overrightarrow{F_2} + \cdots + \overrightarrow{F_n} = \sum_{k=1}^{n} \overrightarrow{F_k}$$

의 스칼라성분과 크기 및 방향각은 다음과 같다.

$$R_x = F_{1x} + F_{2x} + \cdots + F_{nx} = \sum_{k=1}^{n} F_{kx} \qquad \cdots(10.7a)$$

$$R_y = F_{1y} + F_{2y} + \cdots + F_{ny} = \sum_{k=1}^{n} F_{ky} \qquad \cdots(10.7b)$$

$$R = \sqrt{R_x^2 + R_y^2}\,,\ \theta = \tan^{-1}\left(\frac{R_y}{R_x}\right) \qquad \cdots(10.7c)$$

**예제 10.3.2** 다음 세 벡터의 합 $\overrightarrow{R} = \overrightarrow{A} + \overrightarrow{B} + \overrightarrow{C}$의 크기와 방향을 구하여라.

$$\overrightarrow{A} = 2\vec{i} + 3\vec{j}\,,\ \overrightarrow{B} = -3\vec{i} + 5\vec{j}\,,\ \overrightarrow{C} = 4\vec{i} - 6\vec{j}$$

**풀이** 각 축에 해당되는 세 벡터 성분들의 대수적인 합으로써 $\overrightarrow{R}$의 성분들을 구할 수 있다. 즉, $\overrightarrow{R}$의 $x$ 성분을 얻기 위해서는 $\overrightarrow{A}$, $\overrightarrow{B}$, $\overrightarrow{C}$의 $x$성분을 모두 합하면 되고, $y$성분을 얻기 위해서는 $\overrightarrow{A}$, $\overrightarrow{B}$, $\overrightarrow{C}$의 $y$성분을 모두 합하면 된다.

$$R_x = A_x + B_x + C_x = 2 + (-3) + 4 = 3$$
$$R_y = A_y + B_y + C_y = 3 + 5 + (-6) = 2$$

따라서 $\overrightarrow{R}$을 단위 벡터로 표현하면 다음과 같다.

$$\overrightarrow{R} = R_x\vec{i} + R_y\vec{j} = 3\vec{i} + 2\vec{j}$$

그리고 벡터 $\overrightarrow{R}$의 크기와 방향은 다음과 같이 구해진다.

$$R = \sqrt{R_x^2 + R_y^2} = \sqrt{3^2 + 2^2} = \sqrt{13} \approx 3.6$$

$$\theta = \tan^{-1}\left(\frac{R_y}{R_x}\right) = \tan^{-1}\left(\frac{2}{3}\right) = 33.7°$$

**예제 10.3.3** [그림 10.10(a)]에서 두 힘 $\overrightarrow{P}$, $\overrightarrow{Q}$가 이루는 각은 60°이고, $P = 6\,\text{N}$, $Q = 4\,\text{N}$일 때 $\overrightarrow{P}$, $\overrightarrow{Q}$를 $x$, $y$ 성분으로 분해하고, 이것을 이용하여 합력 $\overrightarrow{R} = \overrightarrow{P} + \overrightarrow{Q}$의 크기와 방향을 구하여라.

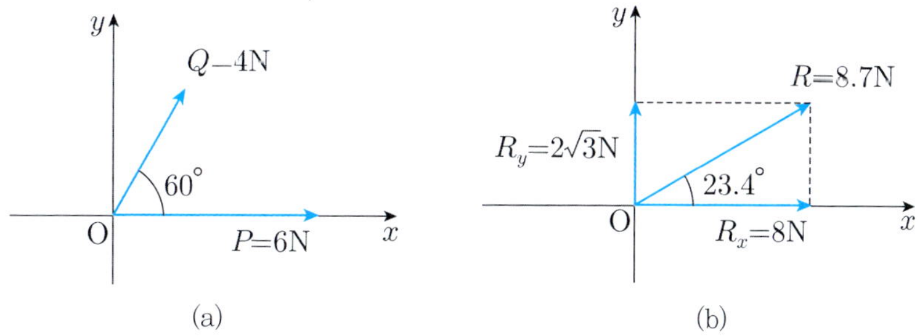


[그림 10.10] 벡터 성분분해와 벡터 합

**풀이** [그림 10.10(a)]와 같이 좌표계를 잡으면

$$\overrightarrow{P} = 6\,\overrightarrow{i}\ (\text{N})$$

$$\begin{aligned}\overrightarrow{Q} &= 4(\cos\alpha\,\overrightarrow{i} + \sin\alpha\,\overrightarrow{j}) = 4(\cos 60°\,\overrightarrow{i} + \sin 60°\,\overrightarrow{j}) \\ &= 2\,\overrightarrow{i} + 2\sqrt{3}\,\overrightarrow{j}\ (\text{N})\end{aligned}$$

이다. 따라서 합력

$$\begin{aligned}\overrightarrow{R} = \overrightarrow{P} + \overrightarrow{Q} &= 6\,\overrightarrow{i} + (2\overrightarrow{i} + 2\sqrt{3}\,\overrightarrow{j}) \\ &= (6+2)\overrightarrow{i} + 2\sqrt{3}\,\overrightarrow{j} \\ &= 8\overrightarrow{i} + 2\sqrt{3}\,\overrightarrow{j}\ (\text{N})\end{aligned}$$

이므로, 합력의 크기와 방향각은 다음과 같다.

$$R = \sqrt{R_x^2 + R_y^2} = \sqrt{8^2 + (2\sqrt{3})^2} = 8.7\ (\text{N})$$

$$\beta = \tan^{-1}\left(\frac{R_y}{R_x}\right) = \tan^{-1}\left(\frac{2\sqrt{3}}{8}\right) = 23.4°$$

합력 $\overrightarrow{R}$을 그림으로 나타내면 [그림 10.10(b)]와 같다.

† 힘을 성분으로 분해하면 관련된 계산을 대수적으로 할 수 있다. 특히 세 개 이상의 힘의 합력을 구할 때 평행사변형법을 여러 번 적용하는 것은 복잡하지만 각 힘을 성분으로 분해하면 쉽게 합력을 구할 수 있다.

**예제 10.3.4** [삼각함수와 1차 연립방정식] 그림 (a)와 같이 두 개의 끈 OA, OB로 무게 8N의 물체를 매달 때 두 끈에 걸리는 장력을 구하여라.

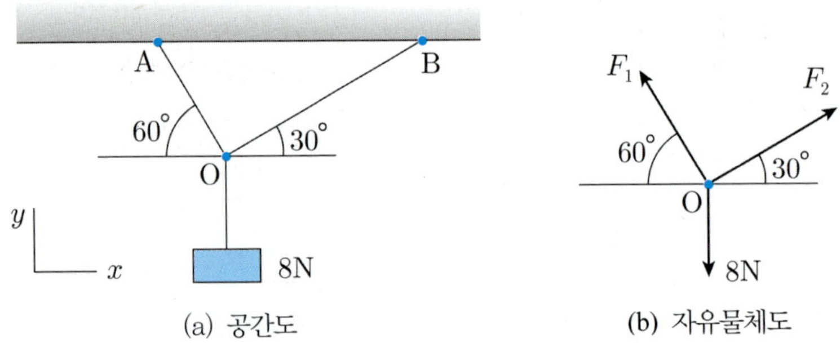


[그림 10.11] 세 힘의 평형

**풀이** 그림의 (a)에서 점 O에 작용하는 힘의 평형을 고려한다. 끈 OA, OB에 걸리는 힘을 각각 $F_1$, $F_2$라 하면 (b)와 같이 세 힘이 평형을 이룬다.

$\overrightarrow{F_1}$, $\overrightarrow{F_2}$를 각각 $x$, $y$ 성분으로 분해하면

$$\overrightarrow{F_1} = F_1(-\cos 60°\,\vec{i} + \sin 60°\,\vec{j}) = F_1\left(-\frac{1}{2}\vec{i} + \frac{\sqrt{3}}{2}\vec{j}\right)$$

$$\overrightarrow{F_2} = F_2(\cos 30°\,\vec{i} + \sin 30°\,\vec{j}) = F_2\left(\frac{\sqrt{3}}{2}\vec{i} + \frac{1}{2}\vec{j}\right)$$

이다. 따라서 2차원에서 질점에 대한 힘의 평형 조건을 적용하면
세 힘의 수평성분의 합

$$\sum F_x = 0$$

에서

$$-\frac{1}{2}F_1 + \frac{\sqrt{3}}{2}F_2 = 0 \qquad \cdots ①$$

이고, 수직성분의 합은 $0(\sum F_y = 0)$에서

$$\frac{\sqrt{3}}{2}F_1 + \frac{1}{2}F_2 - 8 = 0 \qquad \cdots ②$$

이다. ①, ②를 연립하여 풀면

$$F_1 = 4\sqrt{3}\ \mathrm{N},\ F_2 = 4\ \mathrm{N}$$

이 구해진다.

## [보충 학습] 질점에 작용하는 힘의 평형

질점(한 점)에 작용하는 여러 힘들 $\overrightarrow{F_1}$, $\overrightarrow{F_2}$, $\cdots$, $\overrightarrow{F_n}$이 평형이 되기 위해서는 모든 힘들의 합이 0이 되어야 한다.

$$\sum \overrightarrow{F} = 0$$

따라서 힘은 벡터이므로 $\overrightarrow{F} = F_x\vec{i} + F_y\vec{j} + F_z\vec{k}$로 나타나면 일반적으로 다음과 같이 각 힘들의 $x$, $y$, $z$ 스칼라 성분의 합이 각각 0이 되고,

$$\sum F_x = 0, \ \sum F_y = 0, \ \sum F_z = 0$$

2차원인 경우 질점에 대한 평형조건은

$$\sum F_x = 0, \ \sum F_y = 0$$

이다. 즉, 여러 힘들의 수평 분력의 합과 수직 분력의 합이 각각 0이다.

**예제 10.3.5** 그림에서 $F_1 = 200\,\mathrm{N}$, $F_2 = 150\,\mathrm{N}$, $F_3 = 100\,\mathrm{N}$이다. 네 힘이 평형을 이루고 있을 때, $\overrightarrow{F_4}$의 $x$, $y$ 스칼라 성분 및 힘의 크기와 각 $\theta$를 구하여라.

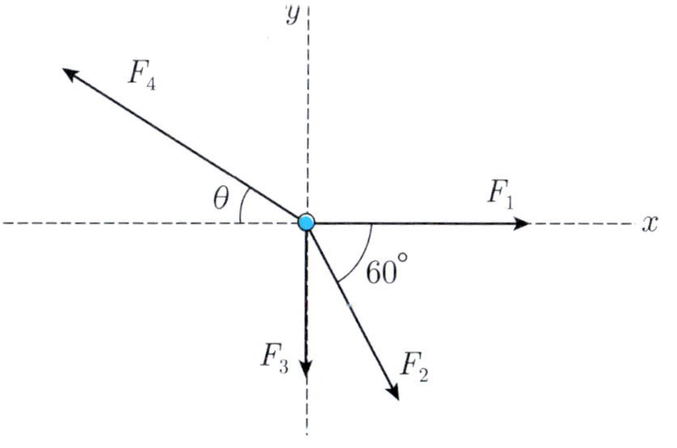


[그림 10.12] 네 힘의 평형

**풀이** $\overrightarrow{F_1}$, $\overrightarrow{F_2}$, $\overrightarrow{F_3}$을 각각 $x$, $y$ 성분으로 나타내면

$$\overrightarrow{F_1} = 200\,\vec{i}\ (\mathrm{N})$$

$$\overrightarrow{F_2} = 150(\cos 60° \vec{i} - \sin 60° \vec{j}) = 75\vec{i} - 75\sqrt{3}\vec{j} \text{ (N)}$$

$$\overrightarrow{F_3} = -100\vec{j} \text{ (N)}$$

이다. 질점에 대한 힘의 평형 조건($\sum \vec{F} = 0$)을 적용하면

$$\overrightarrow{F_1} + \overrightarrow{F_2} + \overrightarrow{F_3} + \overrightarrow{F_4} = 0$$

$$\begin{aligned} \therefore \ \overrightarrow{F_4} &= -\overrightarrow{F_1} - \overrightarrow{F_2} - \overrightarrow{F_3} \\ &= -200\vec{i} - (75\vec{i} - 75\sqrt{3}\vec{j}) - (-100\vec{j}) \text{ (N)} \\ &= -275\vec{i} + (75\sqrt{3} + 100)\vec{j} \text{ (N)} \\ &= -275\vec{i} + 229.9\vec{j} \text{ (N)} \end{aligned}$$

따라서 $\overrightarrow{F_4}$의 $x$, $y$ 스칼라성분은

$$F_{4x} = -275 \text{ (N)}, \ F_{4y} = 229.9 \text{ (N)}$$

이고, 힘의 크기와 각 $\theta$는 다음과 같다.

$$F_4 = \sqrt{(F_{4x})^2 + (F_{4y})^2} = \sqrt{(-275)^2 + (229.9)^2} = 358.4 \text{ (N)}$$

$$\theta = \tan^{-1}\left(\frac{229.9}{275}\right) = 39.9°$$

# 10.4 벡터 곱하기

## 1 스칼라 곱(도트 또는 내적)

두 벡터의 스칼라 곱(도트 또는 내적)은 다음과 같이 정의된다.

$$\vec{P} \cdot \vec{Q} = PQ\cos\theta \qquad \cdots (10.8)$$

여기에서 $P$와 $Q$는 각각 두 벡터 $\vec{P}$와 $\vec{Q}$의 크기이고, $\theta$는 두 벡터가 이루는 각이다[그림 10.12]. 벡터의 스칼라 곱은 벡터 $\vec{P}$의 크기에 벡터 $\vec{Q}$의 $\vec{P}$방향 성분 $Q\cos\theta$를 곱한 것, 또는 벡터 $\vec{Q}$의 크기에 벡터 $\vec{P}$의 $\vec{Q}$방향 성분 $P\cos\theta$를 곱한 것으로 볼 수 있다.

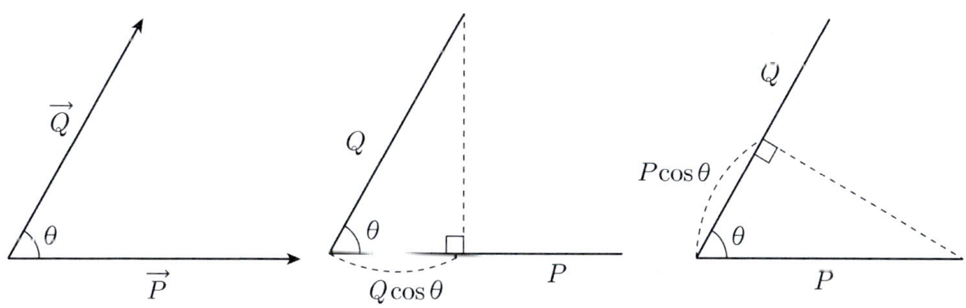


[그림 10.12] 벡터의 스칼라 곱

스칼라 곱의 정의로부터 다음 관계식을 얻는다.

$$\vec{i} \cdot \vec{i} = 1,\ \vec{j} \cdot \vec{j} = 1,\ \vec{k} \cdot \vec{k} = 1$$

$$\vec{i} \cdot \vec{j} = \vec{j} \cdot \vec{i} = 0,\ \vec{j} \cdot \vec{k} = \vec{k} \cdot \vec{j} = 0,\ \vec{k} \cdot \vec{i} = \vec{i} \cdot \vec{k} = 0$$

$$\begin{aligned}\vec{P} \cdot \vec{Q} &= (P_x\vec{i} + P_y\vec{j} + P_z\vec{k}) \cdot (Q_x\vec{i} + Q_y\vec{j} + Q_z\vec{k}) \\ &= P_xQ_x + P_yQ_y + P_zQ_z\end{aligned}$$

$$\vec{P} \cdot \vec{P} = P_x^2 + P_y^2 + P_z^2$$

$\vec{P} \cdot \vec{Q} = 0$일 때 두 벡터 $\vec{P}$, $\vec{Q}$가 서로 직각($\theta = 90°$)을 이룬다. 그리고 스칼라 곱에서는 교환법칙이 성립한다.

$$\vec{P} \cdot \vec{Q} = \vec{Q} \cdot \vec{P}$$

**예제 10.4.1** 벡터 $\vec{F}$의 크기가 4N이고, $\vec{r}$의 크기가 2m이다. $\vec{F}$와 $\vec{r}$이 이루는 각이 60°일 때 스칼라 곱 $\vec{F}\cdot\vec{r}$을 구하여라.

**풀이** 스칼라 곱의 정의에 의해 $\vec{F}\cdot\vec{r}$의 값은 다음과 같다.

$$\begin{aligned}\vec{F}\cdot\vec{r} &= |\vec{F}||\vec{r}|\cos\theta = 4\text{N}\cdot 2\text{m}\cos 60^\circ\\ &= 4\text{N}\cdot\text{m}\\ &= 4\text{J}\end{aligned}$$

† $\vec{F}$의 힘을 작용하여 $\vec{r}$의 거리만큼 이동하였을 때 힘이 한 일($W$)은 $W=\vec{F}\cdot\vec{r}$이다.

**예제 10.4.2** 힘 $\vec{F}$와 변위 $\vec{s}$가 다음과 같을 때일 $W=\vec{F}\cdot\vec{s}$를 구하여라.

$$\vec{F}=2\vec{i}+3\vec{j}\,[\text{N}],\ \vec{s}=4\vec{i}+5\vec{j}\,[\text{m}]$$

**풀이**
$$\begin{aligned}W=\vec{F}\cdot\vec{s} &= (2\vec{i}+3\vec{j})\cdot(4\vec{i}+5\vec{j})\\ &= (2\times 4)+(3\times 5)=23[\text{N}\cdot\text{m}]=23[\text{J}]\end{aligned}$$

**예제 10.4.3** 다음 두 벡터의 스칼라 곱을 구하고 두 벡터가 이루는 각을 구하여라.

$$\vec{P}=3\vec{i}-2\vec{j},\ \vec{Q}=4\vec{i}+5\vec{j}$$

**풀이** 먼저 두 벡터의 성분으로써 스칼라 곱을 구하면 다음과 같다.

$$\begin{aligned}\vec{P}\cdot\vec{Q} &= P_xQ_x+P_yQ_y\\ &= 3\cdot 4+(-2)\cdot 5=2 \qquad \cdots ①\end{aligned}$$

그리고 스칼라 곱의 정의로부터 스칼라 곱을 구하면

$$\begin{aligned}\vec{P}\cdot\vec{Q} &= PQ\cos\theta=\sqrt{3^2+(-2)^2}\cdot\sqrt{4^2+5^2}\cos\theta\\ &= \sqrt{13}\cdot\sqrt{41}\cos\theta \qquad \cdots ②\end{aligned}$$

이다. 따라서 ①, ②로부터 다음과 같이 각 $\theta$가 구해진다.

$$\sqrt{13}\cdot\sqrt{41}\cos\theta=2$$

$$\cos\theta=\frac{2}{\sqrt{13}\cdot\sqrt{41}}$$

$$\therefore\ \theta=\cos^{-1}\left(\frac{2}{\sqrt{13}\cdot\sqrt{41}}\right)=85.0^\circ$$

## 2 벡터 곱(크로스 또는 외적)

두 벡터 $\overrightarrow{P}$, $\overrightarrow{Q}$의 벡터 곱 $\overrightarrow{P}\times\overrightarrow{Q}$는 그 크기가

$$|\overrightarrow{P}\times\overrightarrow{Q}| = PQ\sin\alpha \qquad \cdots(10.9)$$

이고, 방향이 [그림 10.13]과 같이 오른손 법칙에 의해 정해지는 벡터이다.

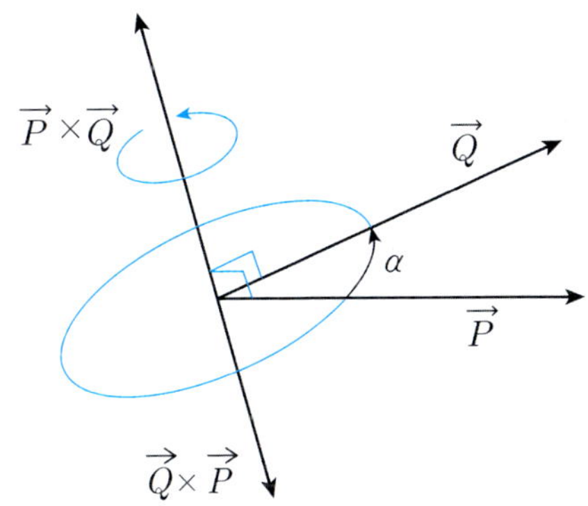


[그림 10.13] 벡터 곱

오른손 좌표계를 이용하여 벡터 곱의 정의로부터

$$\vec{i}\times\vec{i}=0,\ \vec{j}\times\vec{j}=0,\ \vec{k}\times\vec{k}=0$$
$$\vec{i}\times\vec{j}=\vec{k},\ \vec{j}\times\vec{k}=\vec{i},\ \vec{k}\times\vec{i}=\vec{j}$$
$$\vec{j}\times\vec{i}=-\vec{k},\ \vec{k}\times\vec{j}=-\vec{i},\ \vec{i}\times\vec{k}=-\vec{j}$$

의 관계식을 얻는다[그림 10.14].

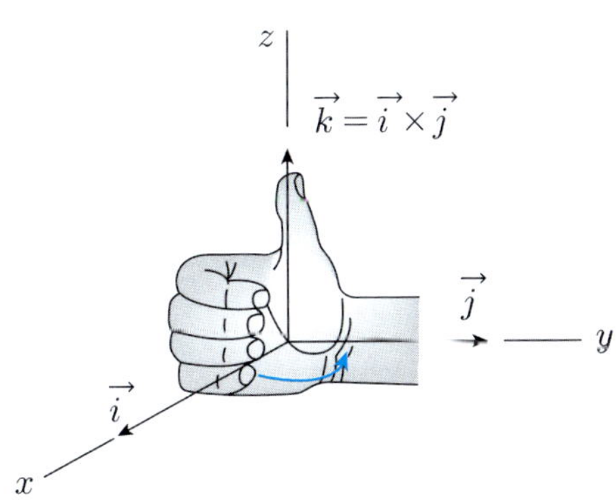


[그림 10.14] 오른손 법칙

오른손 법칙에 의해 일반적으로 반시계방향(↶)의 부호를 양(+), 시계방향(↷)의 부호를 음(−)으로 정한다. 벡터 곱의 순서를 바꾸고 오른손 법칙을 사용하면

$$\overrightarrow{Q} \times \overrightarrow{P} = -\overrightarrow{P} \times \overrightarrow{Q}$$

이다. 즉, 벡터 곱에서는 교환법칙이 성립하지 않는다.

직각좌표계에서 각 벡터를 성분으로 표현하였을 때 다음과 같이 행렬식으로써 벡터 곱을 나타낼 수 있다.

$$\begin{aligned}\overrightarrow{P} \times \overrightarrow{Q} &= \begin{vmatrix} \vec{i} & \vec{j} & \vec{k} \\ P_x & P_y & P_z \\ Q_x & Q_y & Q_z \end{vmatrix} \\ &= (P_y Q_z - P_z Q_y)\vec{i} - (P_x Q_z - P_z Q_x)\vec{j} + (P_x Q_y - P_y Q_x)\vec{k} \qquad \cdots(10.10)\end{aligned}$$

여기에서 $\overrightarrow{P} = P_x \vec{i} + P_y \vec{j} + P_z \vec{k}$, $\overrightarrow{Q} = Q_x \vec{i} + Q_y \vec{j} + Q_z \vec{k}$이다.

## [참고] 행렬식 계산

$2 \times 2$ 행렬 $A = \begin{bmatrix} a & b \\ c & d \end{bmatrix}$의 행렬식은 다음과 같다.

$$\det(A) = |A| = \begin{vmatrix} a & b \\ c & d \end{vmatrix} = ad - bc$$

그리고 $3 \times 3$ 행렬의 행렬식은 다음과 같이 계산된다.

$$\begin{aligned}\overrightarrow{M} = \begin{vmatrix} \vec{i} & \vec{j} & \vec{k} \\ x & y & z \\ F_x & F_y & F_z \end{vmatrix} &= \vec{i}\begin{vmatrix} y & z \\ F_y & F_z \end{vmatrix} - \vec{j}\begin{vmatrix} x & z \\ F_x & F_z \end{vmatrix} + \vec{k}\begin{vmatrix} x & y \\ F_x & F_y \end{vmatrix} \\ &= (yF_z - zF_y)\vec{i} - (xF_z - zF_x)\vec{j} + (xF_y - yF_x)\vec{k}\end{aligned}$$

**예제 10.4.4** 질량 $m = 2$[kg], 위치벡터 $\vec{r} = 3\vec{i}$[m], 속도 $\vec{v} = 4\vec{i} + 5\vec{j}$[m/s]일 때 각운동량 $\overrightarrow{H} = \vec{r} \times m\vec{v}$를 구하여라.

**풀이** $\overrightarrow{H} = \vec{r} \times m\vec{v} = 3\vec{i} \times 2 \times (4\vec{i} + 5\vec{j})$

$= 0 + 3 \times 2 \times 5\vec{k} = 30\vec{k}$[kg • m$^2$/s]

**예제 10.4.5** 다음 두 벡터의 벡터 곱 $\vec{r}\times\vec{F}$를 구하여라.

$$\vec{r}=-2\vec{i}+3\vec{k},\ \vec{F}=3\vec{i}-4\vec{j}$$

**풀이** (1) 분배법칙 이용

$$\begin{aligned}\vec{r}\times\vec{F}&=(-2\vec{i}+3\vec{k})\times(3\vec{i}-4\vec{j})\\&=(-2)\times(-4)\vec{k}+3\times3\vec{j}+3\times(-4)(-\vec{i})\\&=12\vec{i}+9\vec{j}+8\vec{k}\end{aligned}$$

(2) 행렬식 이용

$$\begin{aligned}\vec{r}\times\vec{F}&=\begin{vmatrix}\vec{i}&\vec{j}&\vec{k}\\r_x&r_y&r_z\\F_x&F_y&F_z\end{vmatrix}=\begin{vmatrix}\vec{i}&\vec{j}&\vec{k}\\-2&0&3\\3&-4&0\end{vmatrix}\\&=[0\cdot0-3\times(-4)]\vec{i}-[(-2)\cdot0-3\cdot3]\vec{j}\\&\quad+[(-2)\cdot(-4)-0\cdot3]\vec{k}\\&=12\vec{i}+9\vec{j}+8\vec{k}\end{aligned}$$

# 연습문제 10

**01** 그림과 같은 방향으로 작용하는 네 힘(4N, 5N, 6N, 8N)의 합력의 크기를 구하여라.

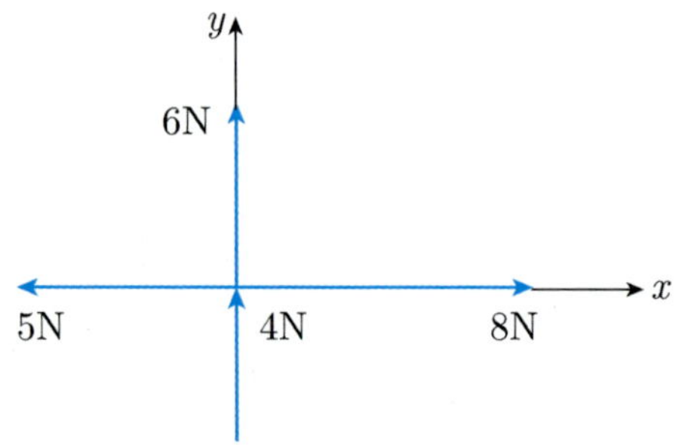


[문제 1]

**02** 그림과 같은 방향을 갖는 두 힘(12N, 16N)의 합력의 크기와 합력의 작용선과 $x$축 사이의 각을 각각 구하여라.

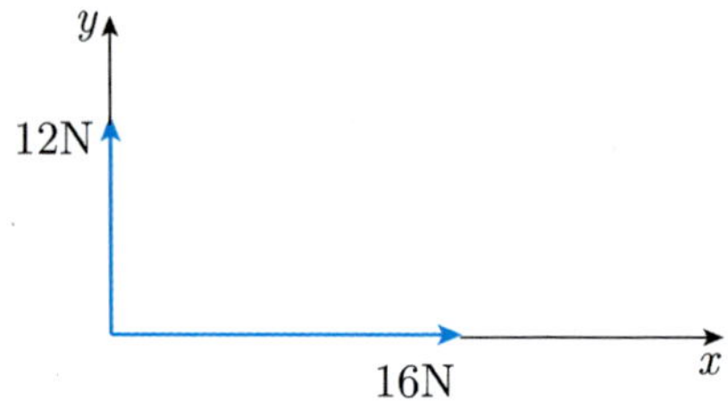


[문제 2]

**03** 그림과 같은 방향을 갖는 힘 $\vec{F}$의 크기가 $4\,\mathrm{N}$이다. $\vec{F}$의 $x$, $y$ 스칼라성분을 구하여라.

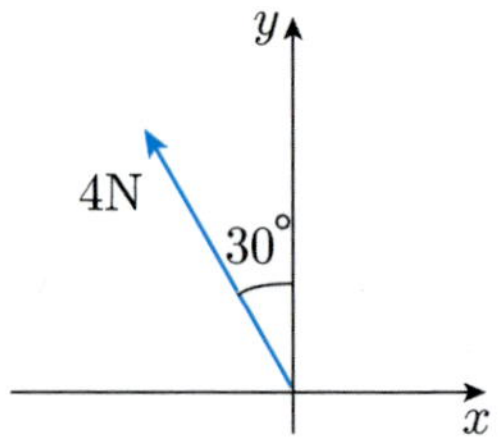


[문제 3]

**04** 그림과 같은 방향으로 작용하는 세 힘(4N, 6N, 8N)을 $x$, $y$성분으로 분해한 후 세 힘의 합력의 크기를 구하여라.

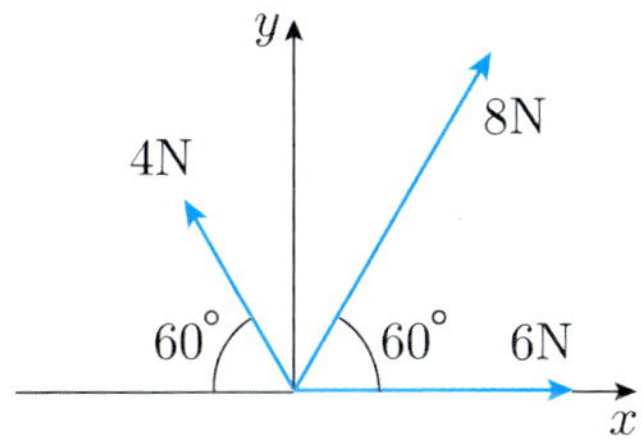


[문제 4]

**05** 그림에서 힘 $\overrightarrow{F_1}$의 크기 $F_1 = 8\,\mathrm{N}$이다. 세 힘의 합 $\overrightarrow{F_1} + \overrightarrow{F_2} + \overrightarrow{F_3} = 0$일 때 $\overrightarrow{F_2}$와 $\overrightarrow{F_3}$의 크기($F_2$, $F_3$)를 각각 구하여라.

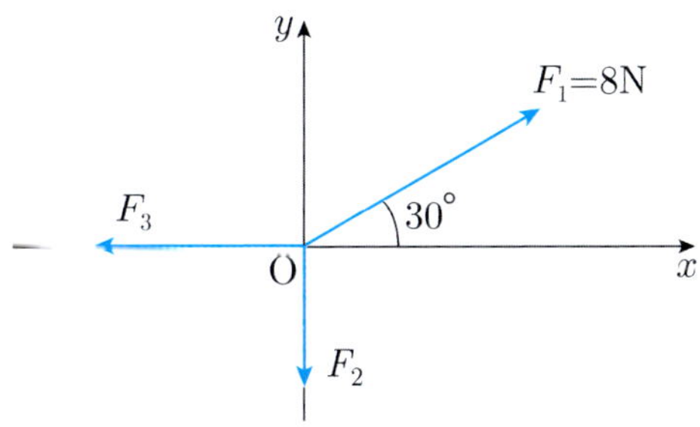


[문제 5]

**06** 다음 두 벡터($\overrightarrow{P}$, $\overrightarrow{Q}$)의 스칼라 곱을 구하고 이것을 이용하여 두 벡터가 이루는 각을 구하여라.

$$\overrightarrow{P} = 2\vec{i} + 5\vec{j} + 3\vec{k},\ \overrightarrow{Q} = -3\vec{i} + 4\vec{k}$$

**07** $\overrightarrow{Q} = 4\vec{i} - 2\vec{j} + 3\vec{k}$일 때 다음 각 경우에 대하여 벡터 곱 $\overrightarrow{P} \times \overrightarrow{Q}$를 구하여라.

(1) $\overrightarrow{P} = 5\vec{k}$ (2) $\overrightarrow{P} = \vec{i} - 2\vec{j} + 3\vec{k}$

**08** 벡터 $\overrightarrow{A}$와 $\overrightarrow{B}$가 아래 그림과 같을 때, $\overrightarrow{C} = \overrightarrow{A} - \overrightarrow{B}$로 정의되는 벡터의 크기는? [공무원 임용시험]

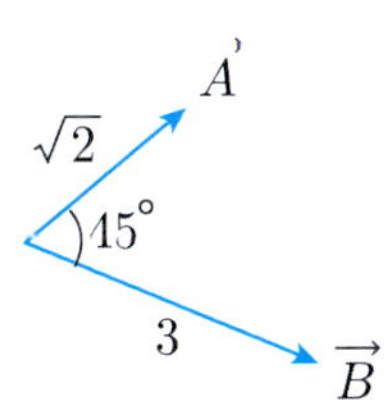


[문제 8]

① $\sqrt{3}$ ② $\sqrt{5}$
③ $\sqrt{7}$ ④ 4

**09** 그림과 같은 $xy$ 평면상의 두 힘 $P_1$, $P_2$의 합력의 크기[kN]는? [공무원 임용시험]

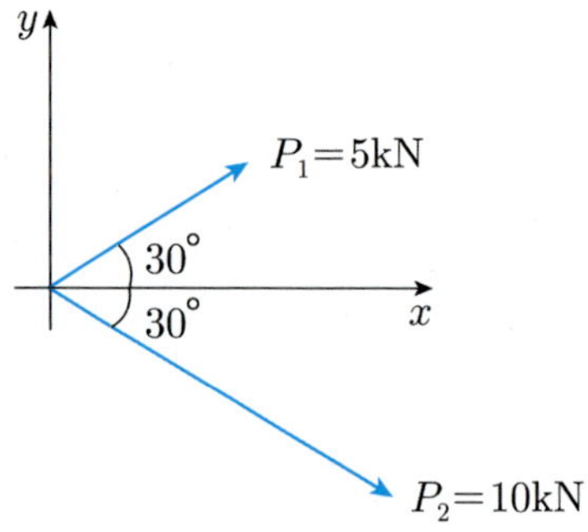


[문제 9]

① 5　　② $5\sqrt{7}$
③ 10　　④ $10\sqrt{7}$

**10** 그림과 같이 2개의 힘이 동일점 $O$에 작용할 때, 두 힘 $U$, $V$의 합력의 크기[kN]는? [공무원 임용시험]

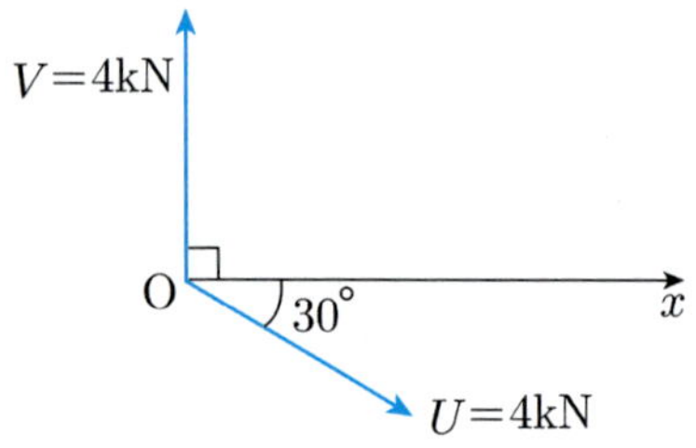


[문제 10]

① 1　　② 2
③ 3　　④ 4

**11** 그림과 같이 2개의 힘이 동일점 O에 작용할 때 합력($R$)의 크기[kN]와 방향($\beta$)은? [공무원 임용시험]

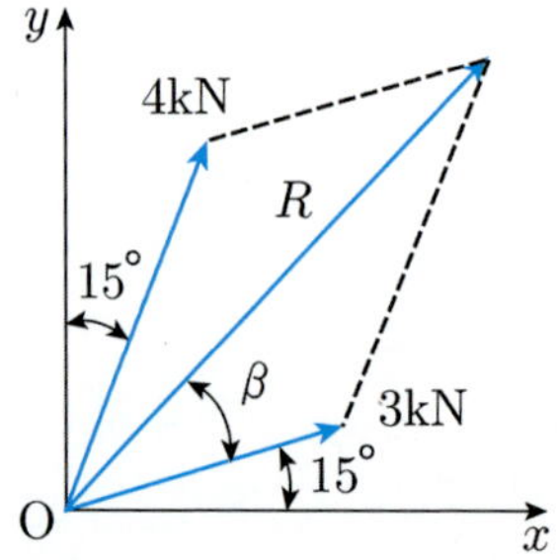


[문제 11]

① $R = \sqrt{37},\ \beta = \cos^{-1}\left(\frac{5}{R}\right)$　　② $R = \sqrt{37},\ \beta = \cos^{-1}\left(\frac{2\sqrt{3}}{R}\right)$

③ $R = \sqrt{61},\ \beta = \cos^{-1}\left(\frac{5}{R}\right)$　　④ $R = \sqrt{61},\ \beta = \cos^{-1}\left(\frac{2\sqrt{3}}{R}\right)$

# 연습문제 풀이 및 정답

# 연습문제 1.1

**01** (1) $x=3$ (2) $x=-\dfrac{1}{2}$

(3) $x=-1$ (4) $x=\dfrac{10}{9}$

(5) $x=-\dfrac{1}{2}$ : $x \geq 2$와 $x<2$의 두 경우로 나누어 절댓값 기호를 없앤 후 방정식을 푼다.

**02** (1) $x=\dfrac{26}{7}$ (2) $x=\dfrac{3}{2}$

**03** (1) $x=-7$ (2) $x=-\dfrac{18}{19}$

**04** (1) $x=\dfrac{11}{4}$ (2) $x=\dfrac{16}{23}$

**05** (1) $a \neq 1$이면 $x=\dfrac{2}{3}$; $a=1$이면 모든 수 (부정)

(2) $a \neq -1$이면 $x=\dfrac{b+2}{2(a+1)}$; $a=-1$ 일 때 $\begin{cases} b=-2 : \text{모든 수 (부정)} \\ b \neq -2 : \text{해가 없다(불능)} \end{cases}$

**06** $4-a=-2,\ a=\dfrac{1}{3}b;\ a=6,\ b=18 \quad \therefore\ a+b=24$

**07** 좌변 $=10A+3=10(-3x+4)+3=-30x+43=ax+b$

$$\therefore\ a=-30,\ b=43$$

**08** $A=\dfrac{1}{a-b};\ 3A-4=2A \ \rightarrow\ A=4 \quad \therefore\ a-b=\dfrac{1}{4} \ \rightarrow\ b-a=-\dfrac{1}{4}$

**09** $x+y=A$로 하면 준 식은

$$A-2=3A-12 \ \rightarrow\ A=5$$

$$\therefore\ -x-y=-A=-5$$

**10** $\dfrac{1}{1-\dfrac{1}{1+\dfrac{1}{x}}}=\dfrac{1}{1-\dfrac{1}{\dfrac{x+1}{x}}}=\dfrac{1}{1-\dfrac{x}{x+1}}=\dfrac{1}{\dfrac{1}{x+1}}=x+1$

$$\therefore \ x=3$$

**11** $\dfrac{1}{1-\dfrac{x}{x+1}}=\dfrac{1}{\dfrac{1}{x+1}}=x+1; \quad \dfrac{3}{-1+\dfrac{x}{x-1}}=\dfrac{3}{\dfrac{1}{x-1}}=3(x-1)$

이므로 $x+1=3(x-1) \quad \therefore \ x=2$

**12** 첫 번째 식의 양변에 6을 곱하여 정리하면

$$(3x+3)+(2x-2)=6 \ \rightarrow \ x=1$$

이므로 두 번째 식에서 $k=-7-x=-7-1=-8$

## 연습문제 1.2

**01** $(n-1)+n+(n+1)=72$

$\therefore \ n=24$이고, 구하는 세 수는 $23, 24, 25$이다.

**02** $(2n-2)+2n+(2n+2)=42$

$\therefore \ n=7$이고, 구하는 세 수는 $12, 14, 16$이다.

**03** $2x+2(x+7)=30$

$\therefore \ x=4(\text{m})$이므로 변의 길이는 $4(\text{m})$, $11(\text{m})$이다.

**04** $2x+2(x+4)=40$

$$\therefore \ x=8(\text{m}) \quad \therefore \ S=8 \cdot (8+4)=96 \, (\text{m}^2)$$

**05** $s=vt$이므로 $t=\dfrac{s}{v}$이다. 지점 A에서 B까지 거리를 $L(\text{km})$로 하면

$$\frac{L}{60}-\frac{L}{70}=\frac{5}{60} \qquad \therefore \ L=35 \, (\text{km})$$

**06** $\dfrac{7}{100}\times 100=\dfrac{5}{100}\times(100+x) \qquad \therefore \ x=40 \, (\text{g})$

**07** $\frac{8}{100}\times 400=\frac{10}{100}\times(400-x)$ $\therefore$ $x=80\,(\mathrm{g})$

**08** $v_0=144\,\mathrm{km/h}=\frac{144\times 1000\mathrm{m}}{3600\mathrm{s}}=40\mathrm{m/s}$

$$0=v_0+at$$

$$\therefore\ t=-\frac{v_0}{a}=-\frac{40\mathrm{m/s}}{(-2\mathrm{m/s^2})}=20\,\mathrm{s}$$

**09** 원가를 $x$원이라고 하면

$$x(1+0.3)-700=x(1+0.1)$$

$$\therefore\ x=3500\text{원}$$

$$\text{총이익금}=(x\times 0.1)\times 20=7000\text{원}$$

## 연습문제 2.1

**01** (1) $x=2,\ y=0$ (2) $x=-3,\ y=-\frac{8}{3}$

(3) $x=3,\ y=0$ (4) $x=3,\ y=-2$

(5) $x=2,\ y=-4$ (6) $x=-4,\ y=3$

(7) $x=3,\ y=1$ (8) $x=1,\ y=1$

**02** $x=4,\ y=-3$

**03** $x=-1,\ y=2,\ k=7$

**04** $x=1,\ y=4$: 연립방정식 $\frac{x-y+5}{2}=x,\ \frac{x+y-2}{3}=x$를 푼다.

**05** $\frac{1}{x}=a,\ \frac{1}{y}=b$로 치환하면 준 식은

$$\begin{cases}3a+b=11 & \cdots\cdots ① \\ 2a-b=4 & \cdots\cdots ②\end{cases}$$

가 된다. 여기에서 ①+②를 하면

$$5a = 15 \quad \therefore \ a = 3,\ b = 2$$

이므로 $x = \frac{1}{a} = \frac{1}{3}$, $y = \frac{1}{b} = \frac{1}{2}$이다.

## 연습문제 2.2

**01** 가로와 세로를 각각 $x$(m), $y$(m)로 하면 둘레의 길이에서

$$2x + 2y = 36$$

$$\therefore \ x + y = 18 \qquad \cdots①$$

이고 가로 길이는 세로 길이의 2배보다 6 m가 적으므로

$$x = 2y - 6 \qquad \cdots②$$

이다. ①, ②를 연립하여 풀면 $x = 10$, $y = 8$이다. 따라서 직사각형의 넓이($S$)는 $S = xy = 8 \cdot 10 = 80\ (\mathrm{m}^2)$이다.

**02** 2 km/hr와 4 km/hr 속력으로 간 거리는 각각 2 km, 8 km이다.

**03** 정지된 물에서의 배의 속력을 $x$, 강물의 속력을 $y$라 하면 올라갈 때와 내려올 때의 배의 속력은 각각 $x - y$, $x + y$이다. 따라서 $s = vt$이므로

$$576 = (x - y) \times 18 \ (\leftarrow \text{ 올라갈 때})$$
$$576 = (x + y) \times 12 \ (\leftarrow \text{ 내려갈 때})$$

$$\therefore \ x = 40\,(\mathrm{m/min}),\ y = 8\,(\mathrm{m/min})$$

**04** $\frac{10}{100} m_A + \frac{20}{100} m_B = 100$, $\frac{15}{100} m_A + \frac{40}{100} m_B = 175$

$$\therefore \ m_A = 500\,(\mathrm{g}),\ m_B = 250\,(\mathrm{g})$$

**05** 처음 수의 십의 자리 숫자를 $x$, 일의 자리 숫자를 $y$로 한다.

$$x + y = 9 \qquad \cdots①$$
$$10y + x = (10x + y) + 45 \qquad \cdots②$$

①, ②를 풀면 $x = 2$, $y = 7$

$$\therefore \ \text{처음 수} = 27$$

**06** 두 물체를 분리하여 자유물체도를 그리면 (b)와 같다. 여기에서 각 물체($m$, $M$)에 뉴턴운동법칙($\sum F = ma$)을 적용하면 다음과 같이 실에 걸리는 인장력($T$)과 물체의 가속도($a$)가 구해진다.

$$T = ma \qquad \cdots ①$$

$$F - T = Ma \qquad \cdots ②$$

①+②를 하면

$$F = (m+M)a$$

$$\therefore \ a = \frac{F}{m+M} = \frac{40}{2+3} = 8 \ (\mathrm{m/s^2})$$

$$T = ma = 2 \cdot 8 = 16(\mathrm{N})$$

## 연습문제 3

**01** (1) $(a-2)(b-1)$ (2) $(a-b)(x-y)$

(3) $(x-a)(x-1)$ (4) $\frac{3}{2}xy(x-3y)$

(5) $(2x-3)(6x+7)$ (5) $2(x+2y)(2x-3y)$

**02** (1) $(1-x)(1+x)(1+x^2)(1+x^4)$ (2) $(a+4)(a^2-4a+16)$

(3) $(x-y-z)(x+y-z)$ (4) $(a-b)(a+c)$

(5) $(x-y+2)(x+y-3)$ (6) $(a-b)(a+2b-c)$

**03** $a^2+b^2-2ab-4a+4b+4 = (a-b)^2-4(a-b)+4 = 49$

**04** 준 식$= (2x)^3+(3y)^3 = (2x+3y)^3 - 3\times 2x \times 3y(2x+3y)$

$$= 2^3 - 18 \times 1 \times 2 = -28$$

**05** 몫 : $x^3-2x^2+2x-1$, 나머지 : 6

**06** $f(1)=0$, $f(2)=16$ $\therefore$ $a=4$, $b=-10$ $\therefore$ $a-b=14$

**07** $a=-5$, $b=1$, $c=1$

**08** $A=2014$로 하면

$$k = \frac{A^3-1}{A(A+1)+1} = \frac{(A-1)(A^2+A+1)}{A^2+A+1} = A-1 = 2013$$

**09** 준 식$= x^2y - xy^2 - x + y = xy(x-y) - (x-y)$

$$= (x-y)(xy-1) = -8$$

$$-2(xy-1) = -8$$

$$\therefore \quad xy = 5$$

$$x^2 + y^2 = (x-y)^2 + 2xy = (-2)^2 + 2(5) = 14$$

## 연습문제 4.1

**01** (1) $-13$　　(2) $4$　　(3) $5-5i$　　(4) $25$　　(5) $\dfrac{8}{5}$

**02** $a=4,\ b=-1$

**03** $33-9i$

**04** $a=2,\ b=-3$

**05** $a=10,\ b=-5$

**06** $\dfrac{y}{x}+\dfrac{x}{y}=\dfrac{x^2+y^2}{xy}=\dfrac{3+3}{5}=\dfrac{6}{5}$

**07** $a=1,\ b=-1\ :\leftarrow z^2=\left(\dfrac{1+i}{\sqrt{2}}\right)^2=i$

**08** $a=\pm\sqrt{2}$: $z^2$이 음의 실수이므로 $z$는 순허수이다.

$$z=\frac{1-ai}{2+ai}=\frac{(1-ai)(2-ai)}{(2+ai)(2-ai)}=\frac{(2-a^2)-3ai}{4+a^2}$$

$2-a^2=0 \quad \therefore \quad a=\pm\sqrt{2}$

**09** $i^2=-1,\ i^3=i^2\cdot i=-i,\ i^4=(i^2)^2=1$

준 식$=i^{10}+i^{11}+\dfrac{1}{i^{12}}+\dfrac{1}{i^{13}}=(i^4)^2\cdot i^2+(i^4)^2\cdot i^3+\dfrac{1}{(i^4)^3}+\dfrac{1}{(i^4)^3\cdot i}$

$$=i^2+i^2\cdot i+\frac{1}{1}+\frac{1}{i}$$

$$=-1-i+1-i=-2i$$

# 연습문제 4.2

**01** (1) $x = 3,\ 8$

(2) $x = -7$

(3) $x = 5,\ -\dfrac{3}{2}$

(4) $x = \dfrac{1}{6},\ -\dfrac{5}{2}$

(5) $x = \pm\dfrac{5}{2}$

(6) $x = \dfrac{5 \pm \sqrt{13}}{3}$

(7) $x = \dfrac{2 \pm \sqrt{14}}{5}$

(8) $x = 0,\ -1$

**02** $x = \dfrac{3 \pm \sqrt{7}}{2}$ $\quad\therefore\ A + B = 3 + 7 = 10$

**03** $x = \pm\dfrac{\sqrt{10}}{2}i$

**04** 준 식$= (2x-3)(x-5)$ $\quad\therefore\ k = 15$

**05** $x = \dfrac{6 \pm \sqrt{5}}{2}$

**06** 준 식은 $(x+2)^2 = \dfrac{9}{2}$ $\quad\therefore\ A + 2B = 2 + 2 \times \dfrac{9}{2} = 11$

**07** $\alpha^2 - \sqrt{3}\alpha - 1 = 0$에서 $\alpha - \dfrac{1}{\alpha} = \sqrt{3}$

$$\therefore\ \alpha^2 + \frac{1}{\alpha^2} = \left(\alpha - \frac{1}{\alpha}\right)^2 + 2 = (\sqrt{3})^2 + 2 = 5$$

**08** 양변에 $x^2$의 계수 $(1+i)$를 나눈 후에 계산한다.

$$x^2 + 2\frac{1-i}{1+i}x - 1 = 0$$

$$x^2 + 2\frac{(1-i)(1-i)}{(1+i)(1-i)}x - 1 = 0$$

$$\therefore\ x^2 - 2ix - 1 = 0$$

$$x^2 - 2ix + (-i)^2 = 0$$

$$(x-i)^2 = 0 \quad \therefore\ x = i$$

**09** 양변에 $(2+\sqrt{3})$을 곱하면

$$(2-\sqrt{3})(2+\sqrt{3})x^2-(2+\sqrt{3})x+(-1+\sqrt{3})(2+\sqrt{3})=0$$
$$x^2-(2+\sqrt{3})x+(1+\sqrt{3})=0$$
$$(x-1)[x-(1+\sqrt{3})]=0$$

$$\therefore\ x=1,\ 1+\sqrt{3}$$

## 연습문제 4.3

**01** $k^2-4(2k+5)=0 \quad \therefore\ k=-2, 10$

**02** $a=-4,\ b=1$

**03** $a=-2,\ b=\dfrac{3}{2}$

**04** $x(x-4)=21 \quad \therefore\ x=7(\text{cm})$

**05** $y=-4.9t^2+14.7t=-4.9t(t-3) \quad \therefore\ t=3$(초)

**06** $(x+2)(x+4)=3x^2 \quad \therefore\ x=4$

**07** $(3+x)(5-x)=7 \quad \therefore\ x=4$

**08** $(7-x)(9-x)=35 \quad \therefore\ x=2(\text{m})\ (\because\ 0<x<7)$

**09** $(10-2x)(14-x)=72 \quad \therefore\ x=2\ (\because\ 0<x<10)$

**10** $\triangle$BEF는 직각이등변삼각형이다. $\overline{BF}=\overline{EF}=x(\text{m})$로 하면 $\overline{CF}=10-x$이므로 직사각형 CDEF의 넓이에서 다음과 같이 $x$가 구해진다.

$$x(10-x)=21 \quad \therefore\ x=3, 7$$

이때 $\triangle$BEF의 넓이는 $S=\dfrac{1}{2}x^2=\dfrac{9}{2}, \dfrac{49}{2}(\text{m}^2)$이다.

**11** 큰 정사각형의 한 변의 길이를 $x$[m]라 하면 작은 정사각형의 한 변의 길이는 $8-x$[m]이다. 두 정사각형의 넓이의 합($S$)이 $34\text{m}^2$이므로

$$S = x^2 + (8-x)^2 = 34$$
$$2x^2 - 16x + 30 = 0$$
$$x^2 - 8x + 15 = 0$$
$$(x-3)(x-5) = 0$$
$$\therefore \ x = 3, 5$$

이다. 따라서 큰 정사각형의 한 변의 길이는 5m이다. 이때 작은 정사각형의 한 변의 길이는 3m가 된다.

## 연습문제 5.1

**01** (1) $x \geq 2$ (2) $x \leq 0$

(3) $x \geq 9$ (4) $x \leq \frac{8}{3}$

(5) $x > 1$ (6) $x \leq -0.7$

**02** $x < a+2 \quad \therefore \ a = 1$

**03** $2x - (x-5) < 4x + 2$의 해는 $x > 1$이고,

$4x + k > 3 - 2(x-1)$의 해는 $x > \frac{5-k}{6} \quad \therefore \ \frac{5-k}{6} = 1 \quad \therefore \ k = -1$

**04** $(k-1)x \ < \ -3(k-1)$

여기에서 $k-1 < 0$이므로 양변을 $(k-1)$로 나누면 $x > -3$이다.

**05** 부등호의 방향이 바뀌었으므로 $a < 3$이고 이때 $x < \frac{b}{a-3}$가 된다. 그런데 부등식의 해가 $x < \frac{1}{4}$이므로 $\frac{b}{a-3} = \frac{1}{4}$이다.

(i) $b = 1$이면 $\frac{1}{a-3} = \frac{1}{4}$에서 $a = 7$이 되는데 이것은 $a < 3$을 만족하지 않으므로 해가 아니다.

(ii) $b = -1$일 때 $\frac{-1}{a-3} = \frac{1}{4}$에서 $a = -1$이고, 이것은 $a < 3$을 만족한다. 따라서 구하는 $a$의 값은 $-1$이다.

**06** (1) $-5 \leq x - 4 \leq 5 \quad \therefore \ -1 \leq x \leq 9$

(2) $x > 1$, $-1 < x < 1$ : $x \geq 1$, $x < 1$로 나누어 계산한다.

**07** $-6 \leq 2x - a \leq 6 \quad \therefore \ -3 + \frac{a}{2} \leq x \leq 3 + \frac{a}{2} \quad \therefore \ a = 4,\ b = 5$

**08** $-2 \leq x - \frac{1}{2}(3x-1) \leq 1 \quad \therefore \ -1 \leq x \leq 5$

**09** $a + b > 0$이고 $\frac{-2a+3b}{a+b} = -\frac{1}{3}$이므로 $a = 2b > 0$이다.

$$(a-b)x + 2a + 3b = (2b-b)x + 2 \cdot 2b + 3b = bx + 7b < 0$$

$$\therefore \ x < -7$$

## 연습문제 5.2

**01** (1) $x > 2$, $x < -2$

(2) $2 \leq x \leq 4$

(3) $x = -2$

(4) 해가 없다. (불능)

**02** $\alpha = -2$, $\beta = 3$

**03** $a = -2$, $b = -1$

**04** (i) $k > 3$ : $x > k$, $x < 3$

(ii) $k = 3$ : $x \neq 3$인 모든 수

(iii) $k < 3$ : $x > 3$, $x < k$

**05** $\frac{D}{4} = 1 - k(k+1) \leq 0 \quad \therefore \ k \geq -1 + \sqrt{2}, \quad k \leq -1 - \sqrt{2}$

**06** $-1 - \sqrt{5} < x < -1 + \sqrt{5} \quad \therefore \ x = -3,\ -2,\ -1,\ 0,\ 1$

**07** $\frac{D}{4} = k^2 + k(k-3) \geq 0,\ k(2k-3) \geq 0 \quad \therefore \ k \geq \frac{3}{2},\ k \leq 0$

**08** $h = 70t - 5t^2 \geq 120$을 만족하는 $t$의 범위를 구한다. 양변을 5로 나누면

$$t^2 - 14t + 24 \leq 0,\ (t-2)(t-12) \leq 0 \ \therefore \ 2 \leq t \leq 12$$

이다. 따라서 $12 - 2 = 10$(초) 동안 물체가 120m 이상의 높이에 존재한다.

# 연습문제 5.3

**01** $4^x + \frac{1}{4^x} \geq 2\sqrt{4^x \times \frac{1}{4^x}} = 2$ $\quad\therefore$ 최솟값$= 2$

**02** $2x + 3y \geq 2\sqrt{2x \cdot 3y} = 2\sqrt{6xy} = 2\sqrt{6}$ $\quad\therefore$ $2x+3y$의 최솟값$= 2\sqrt{6}$

**03** 두 수의 역수는 $\frac{2+3a}{3a} = 1 + \frac{2}{3a}$, $\frac{2+3b}{3b} = 1 + \frac{2}{3b}$이다. 여기에서

$a \geq b > 0$이므로 $1 + \frac{2}{3a} \leq 1 + \frac{2}{3b}$이다. 따라서 $\frac{2+3a}{3a} \leq \frac{2+3b}{3b}$이므로

$\frac{3a}{2+3a} \geq \frac{3b}{2+3b}$이다.

**04** (1) 최솟값 2 : $a + \frac{1}{a} \geq 2\sqrt{a \times \frac{1}{a}} = 2$

(2) 최솟값 12 :

$$4a + \frac{9}{a} \geq 2\sqrt{(4a) \times \frac{9}{a}} = 2\sqrt{4 \times 9} = 2\sqrt{36} = 2 \times 6 = 12$$

**05** 최솟값$= 4$ : $\quad a + \frac{1}{a-2} = a - 2 + \frac{1}{a-2} + 2$

$$\therefore \left(a - 2 + \frac{1}{a-2}\right) + 2 \geq \left(2\sqrt{(a-2) \times \frac{1}{a-2}}\right) + 2 = 2 + 2 = 4$$

**06** $10 = x^2 + y^2 \geq 2\sqrt{x^2y^2} = 2\sqrt{(xy)^2} = 2\,|\,xy\,|$ $\quad\therefore$ $|\,xy\,|$의 최댓값은 $\frac{10}{2} = 5$이고 이 때 $xy = \pm 5$이다. 따라서 $xy$의 최댓값과 최솟값은 각각 $+5$, $-5$이다.

**07** $\left(x + \frac{1}{y}\right)\left(y + \frac{9}{x}\right) = xy + \frac{9}{xy} + 9 + 1 \geq 2\sqrt{xy \cdot \frac{9}{xy}} + 10 = 16$

$\therefore$ 최솟값$= 16$

**08** $\frac{x^2 + 3x + 4}{x} = x + \frac{4}{x} + 3 \geq 2\sqrt{x \cdot \frac{4}{x}} + 3 = 7$

$\therefore$ 최솟값$= 7$

**09** $4 = 2x + 3y \geq 2\sqrt{2x \cdot 3y} = 2\sqrt{6xy}$이므로 $2\sqrt{6xy}$의 최댓값은 $4$이다.

$$\therefore\ (\sqrt{2x}+\sqrt{3y})^2 = 2x+3y+2\sqrt{6xy} \le 4+4=8$$

따라서 $\sqrt{2x}+\sqrt{3y}$ 의 최댓값은 $\sqrt{8}=2\sqrt{2}$ 이다.

## 연습문제 6.1

**01** (1) $y=-2x+1$

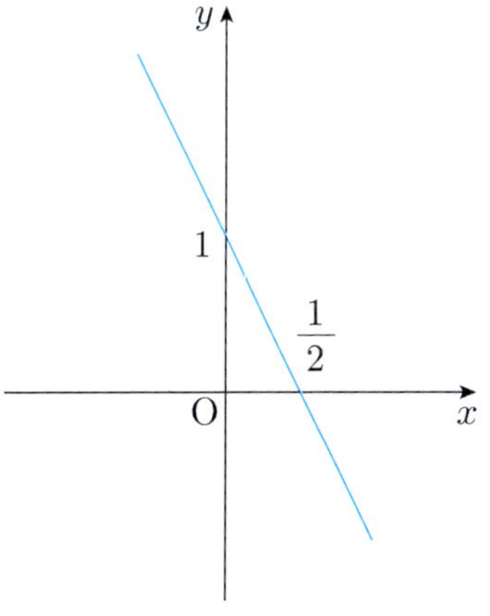


[문제 1-(1)]

(2) $y=-\dfrac{3}{2}x+3$

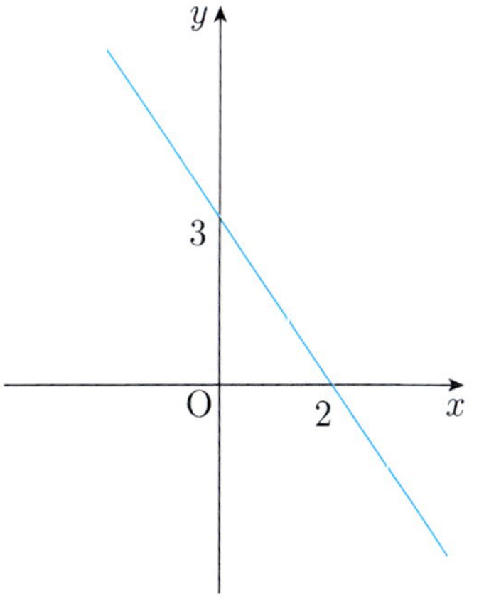


[문제 1-(2)]

(3) $y=2x-1$

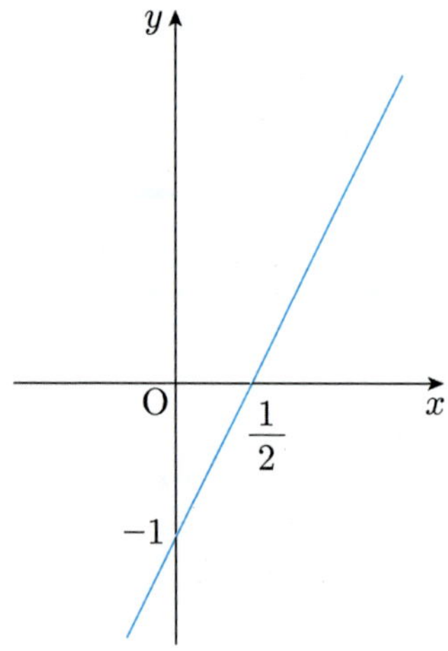


[문제 1-(3)]

(4) $y=x+3$

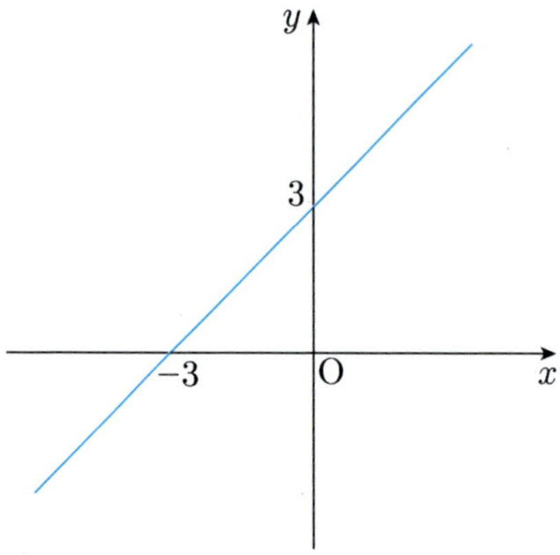


[문제 1-(4)]

**02** $a=\pm 2$

**03** $a=2$

**04** $n=4$

**05** $a=3,\ b=5$

**06** $y=\frac{2}{5}(x-3)-2=\frac{2}{5}x-\frac{16}{5}$

**07** 기울기가 같고 $y$절편이 달라야 한다.

$\frac{a}{1} = \frac{3}{-(a+4)} \neq \frac{-1}{7}$; $-a(a+4)=3$ $\therefore$ $a=-1, -3$

**08** $a=6,\ b=-4$; $a-b=10$

**09** $y+5=k\times 2(x-3)$; $k=-2$; $x=2$일 때 $y=-1$

**10** $4x-5y=0$

**11** $y=\frac{2}{5}(x-3)-2=\frac{2}{5}x-\frac{16}{5}$

**12** $y=-3[x-(-5)]-3=-3x-18$

**13** $y=-2(x-1)+2=-2x+4$ $\therefore$ $a=2,\ b=-4$

**14** $y=\frac{3-(-5)}{3-(-1)}[x-(-1)]-5=2x-3$; $a+b=2-3=-1$

**15** 제3사분면을 지나지 않으므로 $a>0,\ b>0$; 넓이 $S=\frac{1}{2}ab=4$

$a+b \geq 2\sqrt{ab}=2\sqrt{8}=4\sqrt{2}$ $\therefore$ $a+b$의 최솟값은 $4\sqrt{2}$

## 연습문제 6.2

**01** (1) 꼭짓점 $(0,-4)$, 대칭축 $x=0$

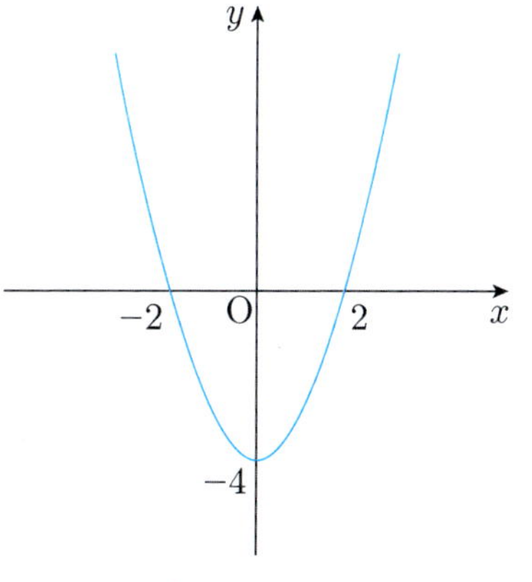


[문제 1-(1)]

(2) 꼭짓점$(0, 9)$, 대칭축 $x=0$

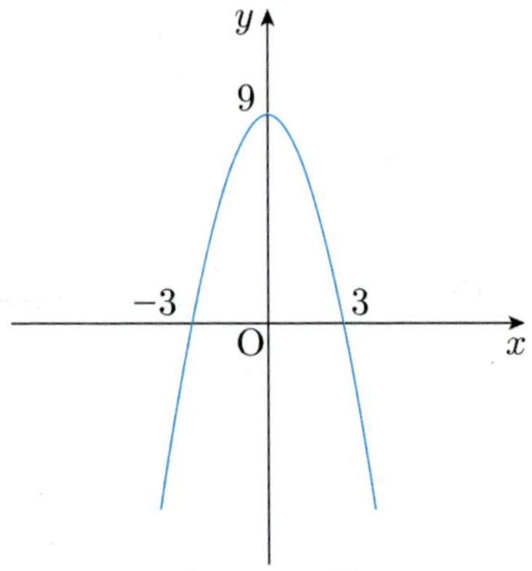

[문제 1-(2)]

(3) $y=\left(x-\frac{3}{2}\right)^2+\frac{3}{4}$, 꼭짓점$\left(\frac{3}{2}, \frac{3}{4}\right)$, 대칭축 $x=\frac{3}{2}$

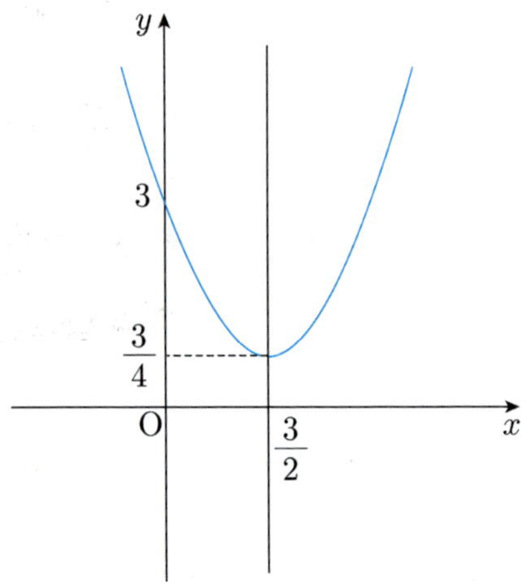

[문제 1-(3)]

(4) $y=-(x-2)^2-1$, 꼭짓점$(2, -1)$, 대칭축 $x=2$

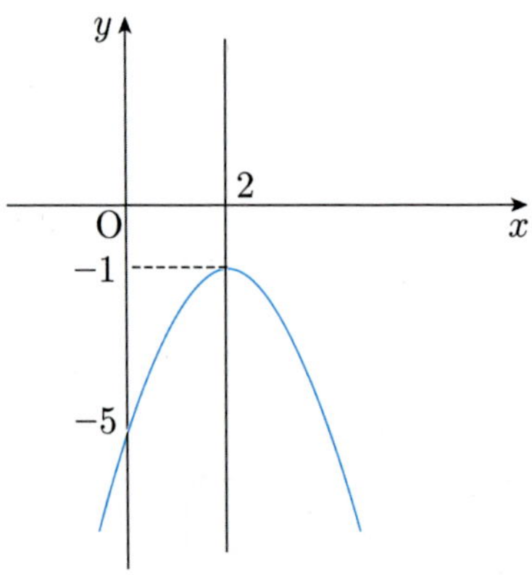

[문제 1-(4)]

**02** $a=4,\ b=36$

**03** $y=2x^2 \quad \therefore \ k=2\times(-3)^2=18$

**04** (1) 최댓값 4, 최솟값 0 (2) 최댓값 5, 최솟값 1

**05** $b=6,\ c=5$

**06** $k<0,\ k>4$

**07** $2-2\sqrt{2}<k<2+2\sqrt{2}$

**08** $a+m+n=-2+3+4=5$

**09** $h=-5t^2+40t=-5(t^2-8t)=-5[(t-4)^2-16]=-5(t-4)^2+80$

$\therefore \ t=4$(초)에서 최고 높이 $h_{\text{max}}=80(\text{m})$

## 연습문제 7.1

**01** (1) $\dfrac{1}{\sqrt[6]{2}}$ (2) $2\sqrt{2}$

(3) $a^{\frac{17}{24}}$ (4) $a^{\frac{15}{8}}$

(5) $\sqrt{2}\,a^{\frac{5}{4}}b^{\frac{5}{6}}$

(6) 1 : $\sqrt{\dfrac{5}{2}}-1=\dfrac{\sqrt{5}-\sqrt{2}}{\sqrt{2}},\ \dfrac{1}{\sqrt{5}}+\dfrac{\sqrt{2}}{5}=\dfrac{\sqrt{5}+\sqrt{2}}{5}$

$$(a+b)(a-b)=a^2-b^2$$

**02** $a=\dfrac{19}{12},\ b=\dfrac{9}{8}$

**03** $k=\dfrac{9}{8}$

**04** 52 : $x^3+y^3=(x+y)^3-3xy(x+y)$

**05** $\sqrt{3}>\sqrt[3]{5}>\sqrt[4]{6}$

**06** $\pm\dfrac{8\sqrt{5}}{7}$ : $a=2^x$, $b=2^{-x}$

$$(a-b)^2=(a+b)^2-4ab,\ (a^3-b^3)=(a-b)^3+3ab(a-b)$$
$$a^2+b^2=(a+b)^2-2ab$$

**07** $a^{-x}\times a^x=a^0=1$이므로 준 식의 분모와 분자에 $a^x$를 곱하면

$$\frac{a^{2x}+1}{a^{2x}-1}=3 \qquad \cdots①$$

$a^{2x}=A$로 하면 식 ①은

$$\frac{A+1}{A-1}=3 \ \rightarrow\ A+1=3(A-1)$$

$$\therefore\ a^{2x}=A=2$$

## 연습문제 7.2

**01** (1) $12$ (2) $\dfrac{19}{6}$

(3) $\dfrac{5}{2}$ (4) $\dfrac{1}{2}$

**02** $\dfrac{2+a}{3(1+2a)}$ : 준 식$=\dfrac{\frac{1}{3}\log_2 12}{\log_2 18}$

**03** $2a+b-2$ : $\log_{10}0.12=\log_{10}\dfrac{12}{100}=\log_{10}12-\log_{10}100=2\log_{10}2+\log_{10}3-2$

**04** $0.699$ : $\log 5=\log\dfrac{10}{2}=\log 10-\log 2=1-\log 2$

**05** $\dfrac{9}{2}$ : $\alpha+\beta=8$, $\alpha\beta=2$, $3^{\log_3 x}=x$

**06** $\dfrac{1}{2}$ : $x=\dfrac{4(\sqrt{5}-1)}{(\sqrt{5}+1)(\sqrt{5}-1)}=\sqrt{5}-1$, $x^3+1=(x+1)(x^2-x+1)$

**07** $\log_2 x + \log_4 \frac{1}{x} = \log_2 x - \log_4 x = \log_2 x - \frac{\log_2 x}{\log_2 4} = \log_2 x - \frac{\log_2 x}{2} = \frac{\log_2 x}{2}$

$$\therefore\ \frac{1}{2}\log_2 x = 3\text{이므로 } x = 2^6$$

$$\therefore\ \log_4 x - \log_2 \frac{1}{x} = \log_4 2^6 + \log_2 2^6 = 3 + 6 = 9$$

**08** $n = 2,\ x = \log_3 12 - n = \log_3 12 - 2 = \log_3\left(\frac{4}{3}\right)$

$$\therefore\ 3^n = 9,\ 3^x = \frac{4}{3}$$

$$\frac{3^n + 3^x}{3^{-n} + 3^{-x}} = \frac{9 + \frac{4}{3}}{\frac{1}{9} + \frac{3}{4}} = 12$$

**09** $\log_a x^m = m\log_a x$, 밑 변환공식 $\log_a x = \frac{\log_b x}{\log_b a}$

$$\log_2 81 = \log_2 3^4 = 4\log_2 3$$

$$\log_4 9 = \frac{\log_2 9}{\log_2 4} = \frac{\log_2 3^2}{\log_2 2^2} = \log_2 3$$

$$\log_8 9 = \frac{\log_2 9}{\log_2 8} = \frac{\log_2 3^2}{\log_2 2^3} = \frac{2}{3}\log_2 3$$

준 식$= \left(4 + 1 - \frac{2}{3}\right)\log_2 3 = \frac{13}{3}\log_2 3 \quad \therefore\ a = \frac{13}{3}$

## 연습문제 8.1

**01** (1) $\frac{\pi}{4}$ (2) $\frac{5}{6}\pi$

(3) $240°$ (4) $210°$

**02** $\theta = \frac{l}{r} = \frac{5\pi}{4}\,(\text{rad}),\quad S = \frac{1}{2}rl = 10\pi\,(\text{cm}^2)$

**03** $r=4(\text{cm}),\ \theta=\pi \quad : S=\frac{1}{2}rl,\ l=r\theta$

**04** 둘레의 길이를 $L$, 반지름을 $x$로 하면 부채꼴의 넓이는

$$S=\frac{1}{2}rl=\frac{1}{2}x(L-2x)=-\left(x-\frac{L}{4}\right)^2+\frac{L^2}{16}$$

이다. 따라서 $S$는 $x=\frac{L}{4}$일 때 최대이고 이때 $l=\frac{L}{2}$ $\quad\therefore\ \theta=2\text{rad}$

**05** $\overline{\text{CH}}=\overline{\text{BH}}=h$이므로 $\tan 30°=\frac{h}{2+h}=\frac{1}{\sqrt{3}}$

$$\therefore\ h=\frac{2}{\sqrt{3}-1}=\sqrt{3}+1(\text{m})$$

**06** $\overline{\text{BD}}=\sqrt{3}\,x=20-x \quad \therefore\ x=\frac{20}{\sqrt{3}+1}=10(\sqrt{3}-1)$

$$\therefore\ \overline{\text{AB}}=2x=20(\sqrt{3}-1)$$

$$\overline{\text{BC}}=\sqrt{2}\cdot\sqrt{3}\,x=10\sqrt{2}(3-\sqrt{3})$$

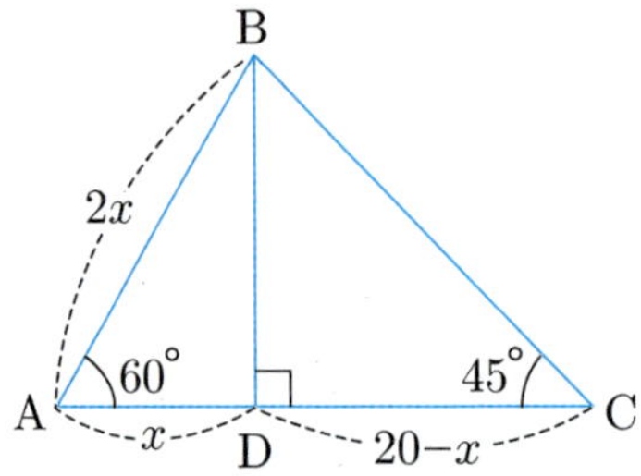


[문제 6]

## 연습문제 8.2

**01** 순서대로 $(\sin\theta, \cos\theta, \tan\theta)$

(1) $\left(\frac{12}{13}, \frac{5}{13}, \frac{12}{5}\right)$ (2) $\left(\frac{3}{5}, -\frac{4}{5}, -\frac{3}{4}\right)$

**02** 순서대로 $(\sin\theta, \cos\theta, \tan\theta)$

(1) $\left(\frac{1}{2}, -\frac{\sqrt{3}}{2}, -\frac{1}{\sqrt{3}}\right)$ (2) $\left(-\frac{1}{\sqrt{2}}, \frac{1}{\sqrt{2}}, -1\right)$

**03** $\sin\theta = -\frac{2}{\sqrt{13}}$, $\cos\theta = -\frac{3}{\sqrt{13}}$

**04** $(\sin\theta - \cos\theta)^2 = 1 - 2\sin\theta\cos\theta = \left(\frac{\sqrt{3}}{2}\right)^2 \quad \therefore\ 2\sin\theta\cos\theta = \frac{1}{4}$

$(\sin\theta + \cos\theta)^2 = 1 + 2\sin\theta\cos\theta = 1 + \frac{1}{4} = \frac{5}{4}$

$$\therefore\ (\sin\theta + \cos\theta) = \pm\frac{\sqrt{5}}{2}$$

**05** (1) $\pm\sqrt{5}$ (2) 7

**06** $\pm\left(\frac{\sqrt{3}-1}{2}\right)$ : $(\sin\theta + \cos\theta)^2 = 1 + 2\sin\theta\cos\theta = 1 - \frac{\sqrt{3}}{2} = \frac{4-2\sqrt{3}}{4}$

$$\sqrt{(4-2\sqrt{3})} = \sqrt{3} - 1$$

**07** $y = \sin^2\theta + \cos\theta + 2 = (1 - \cos^2\theta) + \cos\theta + 2 = -x^2 + x + 3 \quad (x = \cos\theta)$

$$= -\left(x - \frac{1}{2}\right)^2 + \frac{13}{4}$$

$$\therefore\ -1 \le x \le 1\text{에서 } y_{min} = 1,\ y_{max} = \frac{13}{4}$$

## 연습문제 9

**01** $\cosh^2\alpha - \sinh^2\alpha = 1$이므로 $\sinh^2\alpha = \cosh^2\alpha - 1 = (\sqrt{2})^2 \quad 1 - 1$

$\therefore\ \sinh\alpha = \pm 1$, $\tanh\alpha = \frac{\sinh\alpha}{\cosh\alpha} = \pm\frac{1}{\sqrt{2}}$

**02** (1) $\cosh(\ln 2) = \frac{e^{\ln 2} + e^{-\ln 2}}{2} = \frac{2 + 2^{-1}}{2} = \frac{1}{2} \times \frac{5}{2} = \frac{5}{4}$

(2) $\sinh(\ln 2) = \frac{e^{\ln 2} - e^{-\ln 2}}{2} = \frac{2 - 2^{-1}}{2} = \frac{1}{2} \times \frac{3}{2} = \frac{3}{4}$

(3) $\tanh(\ln 3) = \dfrac{e^{\ln 3} - e^{-\ln 3}}{e^{\ln 3} + e^{-\ln 3}} = \dfrac{3 - 3^{-1}}{3 + 3^{-1}} = \dfrac{9-1}{9+1} = \dfrac{8}{10} = \dfrac{4}{5}$

**03** $\tanh^2 x + \mathrm{sech}^2 x = \dfrac{\sinh^2 x}{\cosh^2 x} + \dfrac{1}{\cosh^2 x} = \dfrac{\sinh^2 x + 1}{\cosh^2 x} = \dfrac{\cosh^2 x}{\cosh^2 x} = 1$

**04** 
$$\begin{aligned}\cosh 2x = \cosh(x+x) &= \cosh^2 x + \sinh^2 x \\ &= \cosh^2 x + (\cosh^2 x - 1) = 2\cosh^2 x - 1 \\ &= (1 + \sinh^2 x) + \sinh^2 x = 2\sinh^2 x + 1\end{aligned}$$

**05** $\cosh x \cosh y + \sinh x \sinh y$

$$\begin{aligned}&= \frac{e^x + e^{-x}}{2} \times \frac{e^y + e^{-y}}{2} + \frac{e^x - e^{-x}}{2} \times \frac{e^y - e^{-y}}{2} \\ &= \frac{e^{x+y} + e^{x-y} + e^{-x+y} + e^{-x-y}}{4} + \frac{e^{x+y} - e^{x-y} - e^{-x+y} + e^{-x-y}}{4} \\ &= \frac{2e^{x+y} + 2e^{-x-y}}{4} = \frac{e^{x+y} - e^{-(x+y)}}{2} = \cosh(x+y)\end{aligned}$$

$$\therefore \cosh(x+y) = \cosh x \cosh y + \sinh x \sinh y$$

**06** (1) 1.175　　(2) 1.543

(3) 0.762　　(4) 0.881

(5) 1.317　　(6) 0.549

# 연습문제 10

**01** $R = \sqrt{(8-5)^2 + (6+4)^2} = 10.44\,(\mathrm{N})$

**02** $R = \sqrt{12^2 + 16^2} = 20\,(\mathrm{N})$, $\beta = \tan^{-1}\left(\dfrac{12}{16}\right) = 36.9°$

**03** $\vec{F} = F(\cos\theta\,\vec{i} + \sin\theta\,\vec{j}) = 4(-\cos 60°\,\vec{i} + \sin 60°\,\vec{j}) = -2\vec{i} + 2\sqrt{3}\,\vec{j}$ (N)

$$\therefore F_x = -2\ (\mathrm{N}),\ F_y = 2\sqrt{3}\ (\mathrm{N})$$

**04** $\vec{F_1} = 6\vec{i}$ (N)

$\overrightarrow{F_2} = 8(\cos 60° \vec{i} + \sin 60° \vec{j}) = 4\vec{i} + 4\sqrt{3}\vec{j}$ (N)

$\overrightarrow{F_3} = 4(-\cos 60° \vec{i} + \sin 60° \vec{j}) = -2\vec{i} + 2\sqrt{3}\vec{j}$ (N)

$\therefore \ \vec{R} = \overrightarrow{F_1} + \overrightarrow{F_2} + \overrightarrow{F_3} = (6+4-2)\vec{i} + (4\sqrt{3} + 2\sqrt{3})\vec{j}$

$= 8\vec{i} + 6\sqrt{3}\vec{j}$ (N)

합력의 크기 $R = \sqrt{(8)^2 + (6\sqrt{3})^2} = \sqrt{172} = 2\sqrt{43}$ (N)

**05** $F_1 \cos 30° = F_3 \quad \therefore \ F_3 = 4\sqrt{3}$ (N)

$F_1 \sin 30° = F_2 \quad \therefore \ F_2 = 4$ (N)

**06** 스칼라 곱 : $\vec{P} \cdot \vec{Q} = P_x Q_x + P_y Q_y + P_z Q_z = 6$

$\vec{P} \cdot \vec{Q} = |\vec{P}||\vec{Q}| \cos\theta = \sqrt{38} \cdot \sqrt{25} \cos\theta = 6$

$\therefore$ 두 벡터가 이루는 각 $\theta = \cos^{-1}\left(\frac{6}{5\sqrt{38}}\right) = 78.8°$

**07** (1) $\vec{P} \times \vec{Q} = (5\vec{k}) \times (4\vec{i} - 2\vec{j} + 3\vec{k}) = 20\vec{j} + 10\vec{i}$

(2) $\vec{P} \times \vec{Q} = \begin{vmatrix} \vec{i} & \vec{j} & \vec{k} \\ 1 & -2 & 3 \\ 4 & -2 & 3 \end{vmatrix}$

$= [(-2) \cdot 3 - 3 \cdot (-2)]\vec{i} - [1 \cdot 3 - 3 \cdot 4]\vec{j} + [1 \cdot (-2) - (-2) \cdot 4]\vec{k}$

$= 9\vec{j} + 6\vec{k}$

**08** [정답: ②] $\vec{C} = \vec{A} - \vec{B} = \vec{A} + (-\vec{B}) \quad \therefore \ \beta = 180° - 45°$

$C = \sqrt{A^2 + B^2 + 2AB\cos(180° - 45°)} = \sqrt{2 + 9 - 2\sqrt{2}(3)\cos 45°} = \sqrt{5}$

**09** [정답: ②]

$R = \sqrt{P_1^2 + P_2^2 + 2P_1P_2\cos 60°} = \sqrt{5^2 + 10^2 + 2(5)(10)\cos 60°} = 5\sqrt{7}$ [kN]

**10** [정답: ④]

$R = \sqrt{U^2 + V^2 + 2UV\cos(90° + 30°)} = \sqrt{4^2 + 4^2 - 2(4)(4)\sin 30°} = 4$ [kN]

**11** [정답: ①] 두 힘이 이루는 각 $\alpha = 90° - 15° - 15° = 60°$

$R = \sqrt{P_1^2 + P_2^2 + 2P_1P_2\cos 60°} = \sqrt{3^2 + 4^2 + 2(3)(4)\cos 60°} = \sqrt{37}$ [kN]

$\cos\beta = \frac{3 + 4\cos 60°}{R} = \frac{5}{R} \quad \therefore \ \beta = \cos^{-1}\left(\frac{5}{R}\right)$

# 부록

# A.1 계산기 사용법

일반적으로 공과대학에서 전공을 공부할 때는 전자계산기 사용이 필수적이다. 따라서 기사 시험을 볼 때는 계산기를 사용할 수 있게 한다. 여기에서는 계산기를 사용하여 힘을 계산하는 방법을 알아보도록 한다. 사용한 계산기는 그림과 같은 CASIO $fx-570ES$이다.

이론적인 결과 식 $E_k = \frac{1}{2}mv^2$, $T = \frac{PV}{mR}$, $\theta = \tan^{-1}\left(\frac{F_y}{F_x}\right)$, … 등을 알아도 계산기를 잘못 사용하면 옳은 답을 구할 수 없으므로 반드시 계산기 사용법을 익혀두도록 한다.

**예. 1** 힘 $\vec{F}$의 크기 $F = 43\,\text{N}$이고 힘의 방향이 $x$축과 이루는 각이 $25°$일 때 $\vec{F}$의 $x$, $y$ 성분의 크기 $F_x$와 $F_y$를 구하여라.

(1) $F_x = F\cos\theta = 43\cos 25°\,(\text{N})$

[4] [3] [×] [cos] [2] [5] [)] [=]

• 계산 결과 : 38.9712 … 가 화면에 표시된다.

즉, $F_x = 38.9712\cdots$ (N)이다.

(2) $F_y = F\sin\theta = 43\sin 25°$ (N)

[4] [3] [×] [sin] [2] [5] [)] [=]

• 계산 결과 : 18.1725 ⋯ 가 화면에 표시된다.

즉, $F_y = 18.1725\cdots$ (N)이다.

† 이 계산에서는 [×]와 [)]를 생략해도 되지만 일반적으로 두 기호를 모두 표시한다. 특히 [)]는 이어지는 계산이 있을 경우 생략하면 안 된다. 예를 들어 $(\cos 25°)\times 4$를 계산할 때

[cos] [2] [5] [×] [4] [=]

을 하면 화면에 $-0.1736\cdots$이 표시된다.
그러나 이것은 $\cos(25°\times 4) = \cos(100°)$을 계산한 것이고,
$(\cos 25°)\times 4$의 값은

[cos] [2] [5] [)] [×] [4] [=]

$3.6252\cdots$이다.

† 복잡한 계산을 할 때는 특히 괄호를 잘 사용해야 한다. 계산기 에러는 대부분 괄호를 잘못 사용하였을 때 발생한다.

**예. 2** 힘 $\vec{F}$의 $x$, $y$성분의 크기 $F_x = 45$(N), $F_y = 23$(N)일 때 $\vec{F}$의 크기($F$)와 힘의 방향이 $x$축과 이루는 각($\theta$)를 구하여라.

(1) $F = \sqrt{(F_x)^2 + (F_y)^2} = \sqrt{45^2 + 23^2}$ (N)

[$\sqrt{\square}$] [4] [5] [$x^2$] [+] [2] [3] [$x^2$] [=]

• 계산 결과 : 50.5371 ⋯ 가 화면에 표시된다.

즉, $F = 50.5371\cdots$ (N)이다.

(2) $\theta = \tan^{-1}\left(\frac{F_y}{F_x}\right) = \tan^{-1}\left(\frac{23}{45}\right)$

| SHIFT | tan | 2 | 3 | ÷ | 4 | 5 | ) | = |
|---|---|---|---|---|---|---|---|---|

• 계산 결과 : 27.0720 ⋯ 가 화면에 표시된다.

즉, $\theta = 27.0720\cdots{}^\circ$ 이다.

† 일반적으로 계산기에 입력하고 출력되는 각도의 단위는 도(°, degree)이다. 따라서 $\sin(\pi/3)$을 구할 때는 $\frac{\pi}{3} = 60°$ 이므로 $\sin(60°)$ 을 입력하여 값을 구하고, 역삼각함수의 값은 도(°)이다.

**예. 3** **[역삼각함수 값 구하기]** $\alpha = \sin^{-1}\left[\frac{20 \times \sin 60°}{43.59}\right]$ 의 값은 다음과 같이 구한다.

| SHIFT | sin | 2 | 0 | × | sin | 6 | 0 | ) |
|---|---|---|---|---|---|---|---|---|

| ÷ | 4 | 3 | . | 5 | 9 | ) | = |
|---|---|---|---|---|---|---|---|

• 계산 결과 : 23.4126 ⋯ 가 화면에 표시된다.

즉, $\alpha = 23.4126\cdots{}^\circ$ 이다.

## A.2 수학 기초 진단평가

1. [분수 계산] 두 수 $A=\frac{2}{3}+2\frac{1}{2}$, $B=\left(2\frac{1}{2}\right)\div\left(3\frac{2}{3}\right)\times\left(5\frac{1}{2}\right)$의 값을 구하고 크기를 비교하여라.

2. [일차방정식] 방정식 $\frac{2}{3}(x-2)=-\frac{1}{2}(2x-1)$의 해를 구하여라.

3. [연립일차방정식] 연립방정식 $\begin{cases} 3x-2=3y+1 \\ x-\frac{3y-1}{2}=4 \end{cases}$의 해를 구하여라.

4. [이차방정식] 다음 이차방정식의 근을 구하여라.

(1) $6x^2-x-12=0$　　(2) $x^2-4x+1=0$

5. [지수법칙과 제곱근] 다음 식을 간단히 하여라.

(1) $\frac{100a^8b^2c^{-2}}{25a^2b^{-4}c^{-8}}$　　(2) $\sqrt{4\times2\sqrt[3]{8}}$

6. [복소수] $\frac{2}{1+i}+\frac{3}{1-i}=a+bi$를 만족하는 실수 $a$, $b$를 구하여라.

7. [로그] 다음을 만족하는 $x$값을 구하여라.

(1) $3^x=5$　　(2) $\log_2 x=-3$

8. [삼각함수] 다음 삼각함수의 값을 구하여라.

(1) $\sin 30°$　　(2) $6\sin\frac{\pi}{3}$　　(3) $\cos 0°$　　(4) $4\tan\left(\frac{3\pi}{4}\right)$

## [진단평가 문제 정답]

| 번호 | 정답 |
|---|---|
| 1 | $A=\frac{19}{6}=3\frac{1}{6}$, $B=\frac{15}{4}=3\frac{3}{4}$, $A<B$ |
| 2 | $x=\frac{11}{10}$ |
| 3 | $x=-4$, $y=-5$ |
| 4 | (1) $x=\frac{3}{2}, -\frac{4}{3}$ (2) $x=2\pm\sqrt{3}$ |
| 5 | (1) $4(abc)^6$ (2) $4$ |
| 6 | $a=\frac{5}{2}$, $b=\frac{1}{2}$ |
| 7 | (1) $x=\log_3 5$ (2) $x=\frac{1}{8}$ |
| 8 | (1) $\frac{1}{2}$ (2) $3\sqrt{3}$ (3) $1$ (4) $-4$ |

## [진단평가 결과]

| 문제 | 번호 | 정답자수 | 정답률 | 비고 |
|---|---|---|---|---|
| 분수 계산 | 1 | | | |
| 일차방정식 | 2 | | | |
| 연립일차방정식 | 3 | | | |
| 이차방정식 | 4 | | | |
| 지수법칙과 제곱근 | 5 | | | |
| 복소수 | 6 | | | |
| 로그 | 7 | | | |
| 삼각함수 | 8 | | | |
| | | | | [총원 : 명] |

[참고]

# 찾아보기

## ㅈ



## ㅋ



## ㅍ



## ㅎ



## 기타

저자와의
합의하에
인지를
생략합니다.

# 공과대학
# 예비과정 수학 제2판

지은이 유주식
펴낸이 조경희
펴낸곳 경문사
펴낸날 2014년 3월 5일 1판 1쇄
2024년 3월 4일 2판 1쇄
등 록 1979년 11월 9일 제1979-000023호
주 소 04057, 서울특별시 마포구 와우산로 174
전 화 (02)332-2004 팩스 (02)336-5193
이메일 kyungmoon@kyungmoon.com

값 17,000원

ISBN 979-11-6073-641-0